电能计量自动化终端
自动检测技术

DIANNENG JILIANG ZIDONGHUA ZHONGDUAN
ZIDONG JIANCE JISHU

云南电网有限责任公司电力科学研究院 编著

中国电力出版社
CHINA ELECTRIC POWER PRESS

内 容 提 要

本书根据电能计量自动化终端自动化检测系统在电力系统中的应用成果，将电能计量自动化终端自动检测技术划分为测试技术、输送技术和辅助技术三部分，并以此为主线，阐述了各类电能计量自动化终端的原理及功能、检验内容、准确度试验、耐压试验、外观检测、合格证验证、封印二维码验证、通信可靠性验证、自动接驳、机器人移载、自动化传输、机器人码垛、自动化仓库、配送技术、自动插卡、合格证自动贴标技术和周转箱信息采集识别技术等内容，最后介绍了电能计量自动化终端自动化检测系统在云南电网有限责任公司的工程实践情况。

图书在版编目（CIP）数据

电能计量自动化终端自动检测技术 / 云南电网有限责任公司电力科学研究院编著 . —北京：中国电力出版社，2018.1

ISBN 978-7-5198-1600-1

Ⅰ. ①电… Ⅱ. ①云… Ⅲ. ①电能计量—终端设备—自动检测 Ⅳ. ①TB971

中国版本图书馆 CIP 数据核字（2017）第 322790 号

出版发行：中国电力出版社
地　　址：北京市东城区北京站西街 19 号（邮政编码 100005）
网　　址：http://www.cepp.sgcc.com.cn
责任编辑：刘丽平（liping-liu@sgcc.com.cn）　卓谷颖
责任校对：李　楠
装帧设计：王英磊　左　铭
责任印制：邹树群

印　　刷：三河市百盛印装有限公司
版　　次：2018 年 1 月第一版
印　　次：2018 年 1 月北京第一次印刷
开　　本：787 毫米 ×1092 毫米　16 开本
印　　张：10
字　　数：218 千字
印　　数：0001—1500 册
定　　价：40.00 元

前 言

当前，智能电网已成为未来电网发展和建设的趋势，被世界上许多国家列入国家发展战略。作为智能电网基础之一，电能计量自动化是建设智能电网的第一步，因此，各国正在大力推进和完善。我国目前已建成了世界上规模最大的计量自动化系统并得到了广泛应用。为了保证计量自动化系统的有效应用，需对计量自动化系统中涉及的大量终端和表计等设备装置进行检测和维护。

电能计量自动化终端是计量自动化系统最重要的设备之一，是保证系统数据采集和数据管理以及系统有效运行的基础，是无法替代的设备。其数量巨大，为保证其性能、功能、效率、检测过程、物流和仓储调配以及检测全过程的自动化，需要从检测方法、检测装备和检测效率等方面进行把控，需要从终端的结构、检测项目、检测的方法、检测的设备和检测过程进行了解和掌握，才能确保检测的有效和效率最大化。

本书是中国南方电网云南电网有限责任公司电力科学研究院、武汉大学、深圳科陆电子有限公司等单位在长期的科学研究和生产实践的基础上，对计量自动化终端全自动检测技术的成果展现和经验总结，是集体智慧的结晶。期望本书能对从事电能计量自动化终端检测和维护、自动化终端生产检测、设备设计及试验等相关技术和管理人员提供参考，也可供电测量类专业的大专院校师生学习参考。

本书共分七章，前三章是计量自动化及终端的基础部分，详细介绍了电能计量自动化及终端的发展历史、技术现状及发展趋势、各类计量自动化终端的原理结构、功能特点、检测方法、检测项目和技术要求。第 4、5、6 章着重介绍了计量自动化终端的自动检测技术、自动输送技术和自动检测辅助技术。第 7 章结合已取得的科研成果和具体实践经验，详细阐述了自动化检测系统的总体设计方案、关键技术和经济效益。

在本书的撰写过程中，曹敏教高提出了全书总体架构及思路，并负责第 1 章、第 2 章的编写和全书统稿工作；李波高工负责第 3 章、第 4 章和第 5 章的编写工作；田猛博士负责第 6 章的编写工作；张林山高工负责第 7 章的编写工作。李仕林高工、李毅高工、游若莎高工参与编写了第 1 章、第 2 章、第 3 章和第 4 章的部分内容；林聪、杨明、林中爱和刘清蝉工程师参与编写了第 5 章和第 6 章的部分内容；李博、余恒洁高工和钟尧高工参与编写了第 7 章的部分内容。

本书撰写过程中得到了中国南方电网云南电网有限责任公司电力科学研究院、武汉大学、深圳科陆电子有限公司等单位领导及相关部门的大力支持与帮助。石少青高工、黄炜高工、李俊松高工及王先培教授对本书的内容进行了详细的审阅并提出了宝贵的意见。武汉大学赵乐、王汪兵、李春阳、冯晓栋和龚立在本书的编写过程中也给予了大力支持。在此，向所有为本书付出辛勤劳动，做出贡献的同志一并表示衷心的感谢！由于时间仓促，编者水平有限，书中难免存在不妥之处，敬请广大读者批评指正。

编写组

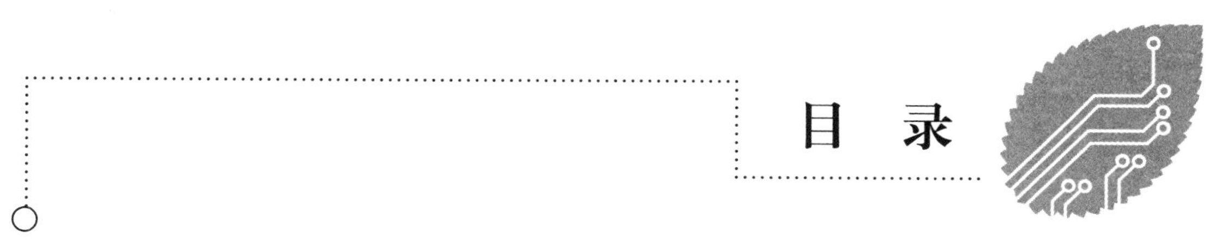

目录

1 概　　述

1.1　电能计量自动化基本情况

电能计量是电力部门经济工作的重要组成部分，科学、准确、可靠的计量是生产组织、经营管理和领导决策的重要依据。准确计量也是电网进行统计核算运行经济指标和贸易双方结算电费的法定依据。随着我国电力体制改革的不断深入，电能计量管理工作也越来越重要，直接影响电网企业的经济效益。因此，科学、准确、可靠的电能计量能够有效降低用户投诉事件，对保障用户利益、维护电网公司企业形象具有重大意义。

国家电力系统城网和农网两网改造工作的逐步推行，加上城乡广大居民客户推行一户一表，工商客户推行分时电价，集中用户推行集中抄表，大电力客户实行远程抄表及远程控制，特定用户推行预付费电能表，大用户推行无功电能表、最大需量表，整个电力市场中电能表的数量、类型急骤增多，新技术含量大幅度提高，这使得电能计量在电力市场中的地位显著提高。按照电能计量相关规程及管理规定，在每一批电能计量自动化终端到货后，计量部门都需对其进行检定和验收，检定合格后方可安装使用。传统的电能计量自动化终端检定装置需要人工上表和下表，无法达成检定和拆表等各个环节的并行处理，存在检定效率低、人员需求大、管理不规范、计量自动化终端信息存储和处理滞后的问题，难以满足实际使用需求，且检定质量和效率容易受检定人员技术水平等人为因素影响，因此通过电能计量自动化终端自动检测技术来解决以上问题尤为迫切。

随着计算机技术和通信技术的发展，电能计量自动化系统作为一种新兴、先进的计量方式，为解决传统电能计量方式的不足提供了新的思路和方法，并随着硬件和软件的不断发展而更新。电能计量自动化系统是电力企业营销自动化建设的重要组成部分，可以实现每个电能表记载数据的自动正确采集、准确传递、记录和整理，在此基础上，可以进一步实现远程自动抄表、电能计量装置在线监测、防窃电、负荷预测、线损管理等功能，为电力用户有序用电、需求侧管理等业务提供先进的技术支撑。因此，该系统的实现是迈向配电自动化的第一步，有助于提高电力系统用电管理的现代化水平。

南方电网公司于 2005 年全面启动电力信息化建设，于 2007 年全面推进电能计量自动化系统建设，于 2009 年实施计量自动化系统全覆盖。经过多年的发展，南方电网公司建立了一体化的智能计量自动化系统，为智能电网的建设起到了里程碑的作用。截至 2017 年，南方电网公司实现全网电能计量自动化终端 100％全覆盖（含县级子公司），智能电表覆盖率达 81％，低压集抄覆盖率达 39％。

作为电能计量自动化系统重要组成部分，电能计量自动化终端负责各级计量点电能信息采集、数据管理、数据传输以及执行或转发主站下发的控制命令，具有电能计量、电量抄读、负荷控制、数据采集与传输、事件记录、故障报警等多种功能。当前，常见的计量自动化终端包括配变监测计量终端、厂站电能量采集终端、集中器、采集器、负荷管理终端和交互终端。

随着计量技术标准化和先进自动控制技术的推广和普及，目前国内省级电网公司已经建设了电能计量自动化终端自动检测系统，但是检测系统的可靠性、稳定性及故障率方面仍需要进一步完善和提高，同时电能计量自动化终端性能和功能的测试内容和范围及相应的测试方法也需进一步考虑现场实际运行情况和各个地区差异性。因此，为了保证电能计量自动化终端自动检测系统建设的顺利实施，需要总结现有的计量自动化终端自动检测技术，并进一步展开研究，为电能计量自动化终端自动检测系统大规模建设和稳定可靠运行提供坚实的技术保障，同时指导生产厂商制造符合要求的电能计量自动化终端，以保证计量自动化终端产品的质量。

1.2 电能计量自动化简介

电能计量自动化是信息化的产物，融合了先进的电子技术、计算机技术和通信技术，在此基础上发展起来的计量自动化系统，是用电需求侧综合性的实时信息采集与分析处理系统。它以公共的移动通信网络和电力专用通信网络为主要通信载体，以移动无线、光纤网为辅助通信载体，通过多种通信方式实现系统计算机主站和现场计量自动化终端之间的数据通信。

1.2.1 电能计量自动化研究现状

传统的电能计量主要依靠人工抄表进行数据统计和数据管理。20 世纪 70 年代前后，国外的一些公司和机构开始对计量自动化技术展开相关研究，在 80 年代左右开始应用计量自动化技术。1982 年法国电力集团公司通过 EUR101 系统进行 600 个大客户数据采集，在同一年英国采用 Modem 网，瑞士则采用兰吉尔公司的 SCTM 规约实现了自动抄表；1985 年日本的电力公司利用配电线载波进行远程抄表和负荷控制，欧洲、北美的一些发达国家先后也都使用自动采集网站的 Web 应用程序；90 年代以后，随着电能计量自动化技术的快速发展，北美一些国家开始大量安装带有自动采集应用程序的电能表，其中美国大约安装了 314063 个带自动采集应用程序的电能表，加拿大电力公司安装了 64000 个带自动采集应用程序的电能表；同时，随着美国电力市场的标准化及协议 开放系统互联网的发展，当时最大的自动抄表系统（TMR）于 1998 年投入运行，到 2003 年，北美已有超过 5000 万家单位实现自动抄表。

1980 年末至 1990 年初，我国开始了自动化抄表系统的研究工作，并于 1989 年首次建设了自动抄表系统，实现了省电网之间电能计量自动化抄表。1990 年北京供电公司首次利用Modem网进行自动抄表，随着通信技术的不断发展，国内的供电企业逐渐开始利用无线电通道进行远程电力负荷控制。当时，无线电通道主要用于电力负荷的控制，后来随着自动采集技术的发展，也慢慢在大客户抄表系统中得到应用。

2000年以后，我国开始了电能计量自动化系统的研究，随着智能电网战略的实施，电能计量自动化系统也进入了实质性的研究和建设阶段。当时计算机技术的发展为电力企业管理提供了新的技术手段，电能计量管理的信息化建设工作也势在必行。根据对电能计量管理模式及其业务流程的剖析，电能计量管理的信息化建设可分为两大类系统进行：第一类是基于计量设备台账及人员信息的计量管理系统，实现计量标准量值传递、计量设备生命周期管理和计量人员管理等；第二大类是基于远程抄表的计量自动化系统，实现自动抄表结算、负荷分析与预测、用电监测等功能，为线损“四分”管理提供基础数据和技术手段。通过电能计量管理的信息化建设，静态的电能计量管理与动态的电能计量遥测融为有机的整体，以满足电力市场形势下的计量需求。以国家电网公司为例，截至2013年年底，国家电网公司累计安装智能电能表1.82亿只，实现采集1.91亿户，采集覆盖率达56%，自动抄表核算率超过97%，其中，2013年安装智能电能表6000万只。国家电网公司智能电能表应用量占全球的一半，采集系统成为世界上最大的电能计量自动化系统，不仅为生产、运营监控分析系统提供实时数据，还为大数据管理、云计算应用提供了海量数据支撑。

随着计量自动化技术的进一步发展，电能计量正逐步向高级量测体系（Advanced Metering Infrastructure，AMI）发展。AMI是一个使用智能电表通过多种通信介质，按需或以设定的方式测量、收集并分析用户用电数据，能够提供开放式双向通信的系统，是智能电网的基础信息平台。AMI可以实现电力供应商和用户的互动交流，电力供应商能精确地知道用户的用电规律，从而对需求和供应有一个更好的平衡，并且支持实时电价，用户可根据电价变化，选择用电时间，利用其分布式发电与储能设备参与削峰填谷，使用户由被动的电力消费者变为配电网运行控制的积极参与者。

1.2.2 电能计量自动化系统基本架构

电能计量自动化系统，即基于地理信息系统（Geographic Information System，GIS）的营配一体化应用体系结构，底层以调度准实时数据平台、GIS平台、信息集成平台等外部系统交互数据作为信息基础，将面向客户的电力营销系统、配网生产、工程与规划系统、结合供电可靠性管理与电子化工程资料移交业务通过集成整合，展现营配一体化的信息，构建营配一体化的集中门户。

电能计量自动化系统集合数据采集、分析、监控及高级计量管理等功能，涵盖电力系统各类型计量自动化终端，是电力营销系统的重要组成部分，给计量设备异常分析、各种需求侧与营销决策管理、客户节能指导意见等优质服务、营销计量数据传递与线损统计计算，提供强大的技术与系统支撑。

如图1-1所示，计量自动化系统由主站、通信信道和计量自动化终端三部分组成。整个系统综合了现代电子、计算机、通信网络技术的信息技术，解决了远程抄表、用电监测、预购电、客户节能评估负荷控制、供电质量分析、线损统计分析等用户与需求侧的问题，为用户有序用电、需求侧管理等业务提供支撑。在发、供、配、售电各方面，基本上达到了变电站与电厂、从公变到专变用户及至低压居民等用户的数据采集和监测目的。

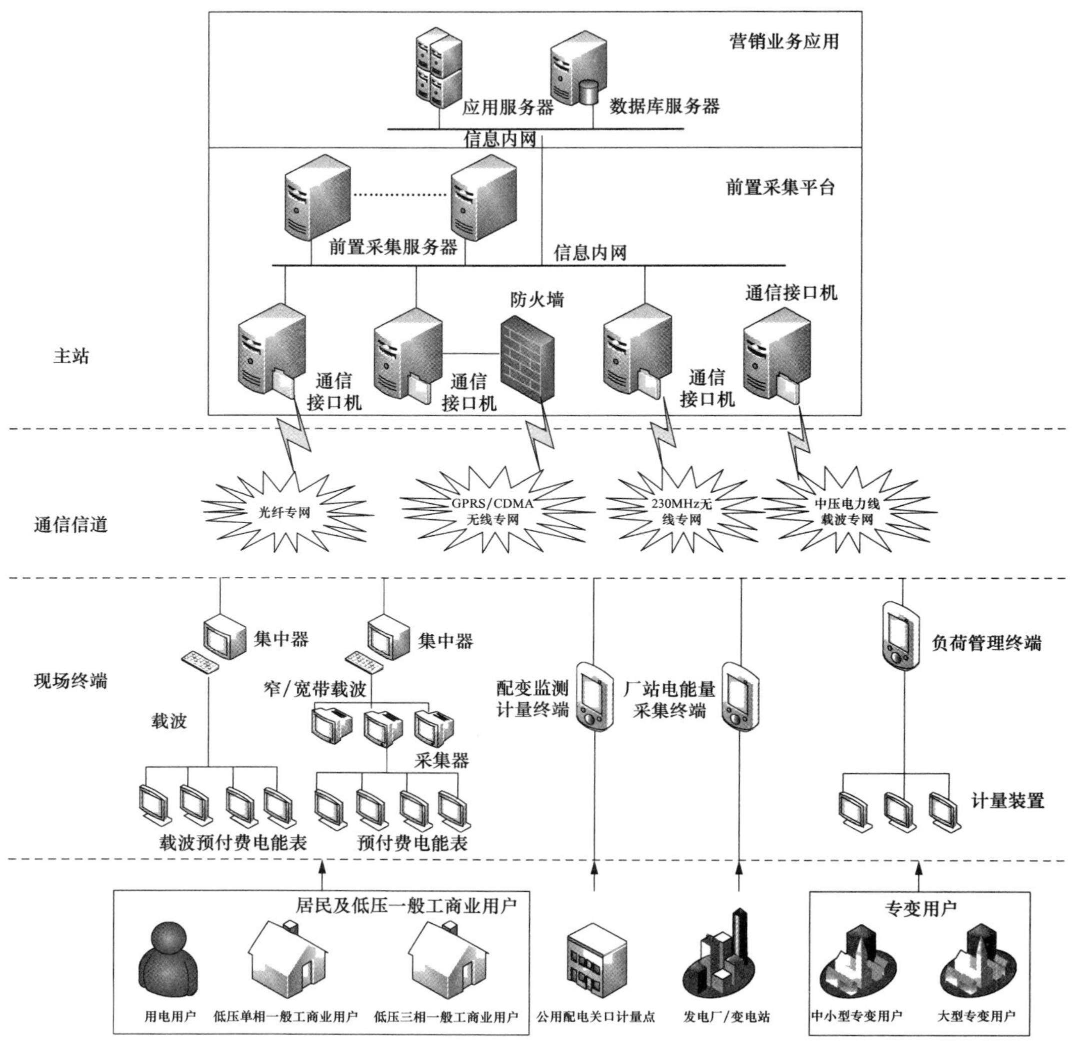

图 1-1　电能计量自动化系统结构图

（1）电能计量自动化主站通过计算机网络、传输网络，采用辐射式结构和集中数据处理方式，对输、配电网以及低压电网的电能量数据进行自动的采集、传输、存储、分析、处理和输出。

主站可按功能分三层：数据采集层、数据管理层和综合应用层。其功能全面考虑了实用性和先进性，使用简便，满足不同层次使用需求，为电力企业的运营和维护提供决策依据。

1）数据采集层，主要由前置通信服务器、支持软件、通信协议解析软件、通信设备等组成，以调度数据网络通道、2M 光纤网络、GSM/CDMA、四线专线、电话通道等通信通道接入各种厂站、负荷控制、配变终端等，按照规定的规约进行数据解析，完成数据的初步处理，从而保证完善的通信质量和资源。

2）数据管理层，主要由数据服务器、磁盘阵列等数据存储和备份设备、接口设备和数据库管理软件等构成。当电能数据传输到主站，对其按类型存储和分析处理，形成电能数据信息管理平台。

3）综合应用层，可支持数据的综合应用，包括停电时间统计、抄表管理、电量负荷分析、错峰管理、预购电管理、用电监测及报警、线损四分管理、供电质量统计分析、系统运维管理和报表管理等任务。

（2）通信信道作为电能计量自动化系统的重要组成部分，为电力公司、用电用户和可控负载之间提供了连续的信息交互能力，同时具有开放式的双向通信标准，并且高度安全可靠。通信信道分为主站与集中器之间的上行信道和采集器与数量庞大的电能表之间的下行信道。

1）上行信道是指传输控制器或集中控制器和管理中心计算机之间的通信线路，常采用光纤、电话线、无线电波等通信介质，具体包括无线公网、230MHz 无线专网和以太网。

无线公网主要包括 GPRS、GSM、CDMA 等，通常用于手机、上网本等终端的移动通信，电能信息采集系统可以向电信运营商租用这些无线公网。无线公网的通信具有信号覆盖范围广、使用方便的优点，在任何有手机信号的地方都可以使用。但是，一般的 GRPS、GSM 的传输速度都比较低，随着 3G 技术的广泛应用，CDMA、WCDMA、TD-SCDMA 等高速无线公网的覆盖面也已经越来越广。

230MHz 频段的无线网络是电力系统的专用网络。它与无线公网不同，在这个频段传输的数据没有语音信号等公网数据，只有电力数据，具有可靠性高、专网专用的优点。但无线专网的建设成本较租用公网高，目前还达不到像无线公网那样的覆盖率。

以太网（Ethernet）是当今世界应用广泛的局域网组网技术。以太网的技术标准由 IEEE802.3 协议确定，该协议规定了物理层与链路层的内容。以太网的广泛应用，使得其他局域网标准数量大大减少，如光纤分布式数据接口（Fiber Distributed Data Interface，FDDI）与令牌环网（Token Ring，TR）。

2）下行信道是指传输控制器或集中控制器和采集器之间的通信线路，主要有 RS485 总线、电力线载波、微功率无线组网等方式。

RS485 总线。为扩展应用范围，电子工业联盟（Electronic Industries Association，EIA）于 1983 年在 RS422 基础上制定了 RS485 标准，RS485 接口在 RS422 的基础上增加了多点、双向通信能力，允许多个发送器连接到同一条总线上，同时增加了发送器的驱动能力和冲突保护特性，扩展了总线共模范围。

电力线载波。根据通信线的不同，电力线载波可以分为输电线载波、配电线载波和低压配电线载波三类。根据传输信道的不同，电力线载波通信可分为超窄频通信、扩频通信和窄调频等。其中，窄带载波方式的优点是成本低，缺点是不能抵抗带内干扰。由于谐波干扰问题，窄宽载波方式已很少使用；扩频载波的工作原理是在发射端利用许多个频点同时传输同一数据，接收端自动扫描发射端所有发射频点，找出有效数据，剔除干扰成分；由于我国电网谐波问题，超窄频载波的效果不佳，未得到推广应用。目前国际上的电力线载波采用的调制技术主要为单载波调制技术、扩频谱调制技术和正交频分复用技术（OFDM），其中 OFDM 技术频谱利用率高、抗多径干扰和信号衰减能力强，可以有效解决高速电力线载波通信发展所遇到的关于信道环境恶劣的瓶颈问题。因此，目前将 OFDM 技术应用于电力线载波通信正受到国内外研究机构和生产商的广泛重视。

微功率无线组网。微功率无线组网是不需要基础网络设施由无线收发装置组成的一个临时性具有自配置和自愈功能的自治系统。当网络中的两个节点的距离超过其无线覆盖范围而无法直接通信时，可以通过其他节点作为中继转发分组；当两个节点间的某路径失效时，网络可以通过路由修复功能重新建立两节点的通信路由。因此，微功率无线组网具有更强的稳健性。

从系统建设的逻辑角度看，计量自动化系统可划分为主站层、通信通道层和采集设备层三个层次，系统通过接口与电能量信息系统、营销系统及其他系统进行数据交互。其中，主站层实现基础平台功能、基本应用功能和高级应用功能；通信信道层提供了主站和采集设备间的各种可用的通信信道，是主站和终端信息交互的链路；采集设备层是系统的底层，负责采集和提供整个系统中电能量数据，并处理和冻结有关数据，实现与主站的交互。逻辑结构如图 1-2 所示。

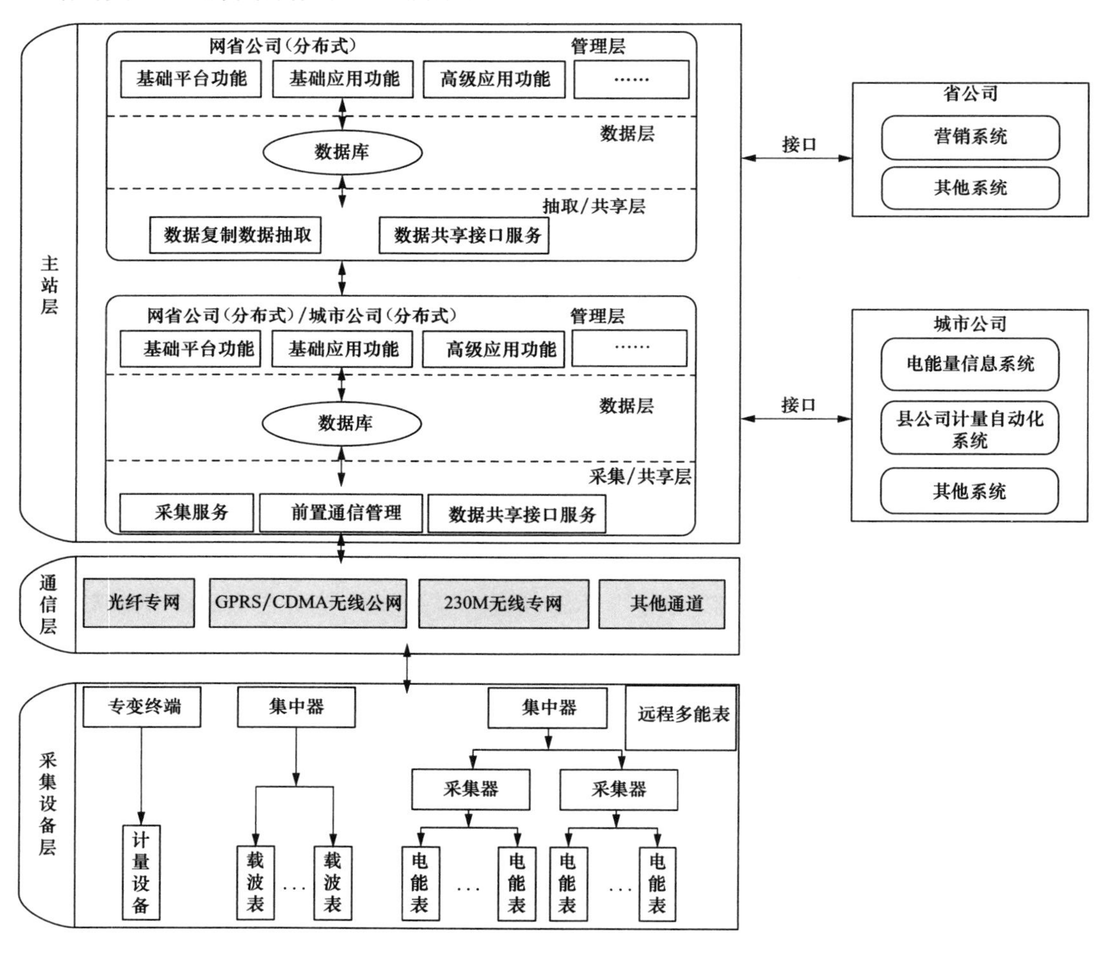

图 1-2　电能计量自动化系统逻辑结构图

在主站层中，基础平台功能的数据采集是其核心部分，是开展数据分析和应用的基础，对数据的准确性、实时性、扩展性等均有很高的要求。基础平台功能实现数据同步与管理，通过接口获得各地市计量四合一系统采集的数据：①基础平台统一抽取各地市计量四合一系统采集数据，同步管理全网数据，并能监控系统各项任务；②基本应用功能实现终端管理、需求侧分析、数据分析、电厂管理、重点数据管理、行业用电分析和停电管理等功能；③高级应用功能对整个计量自动化系统所涉及的业务、数据进行整合，分主题进行综合展现，对供电质量进行查询统计，对整个电能计量自动化系统运行的各项指标进行统计、分析。

1.3 电能计量自动化终端简介

电能计量自动化终端最早应用于欧洲，早期的大部分终端主要应用于数字电能表电能数据的抄送和传送，功能比较单一，以电力负荷管理终端为代表。20 世纪初，英国开始研究音频电力负荷管理终端，直到第二次世界大战之后，欧洲其他国家开始广泛研究这种终端并逐渐得到了大规模的使用。到 60 年代，日本从欧洲引进了相应的音频电力负荷管理终端，经过几年的研究与发展，这种终端在日本电力行业得到普遍的应用。到 70 年代美国开始引入并改进了这种终端，最终研发出了无线电力负荷管理终端。

70 年代末，我国引入了电力负荷管理终端，但由于各种因素影响，该技术没有马上得到广泛的使用，直到 90 年代初，电能计量自动化终端才在我国推广使用。我国早期的计量自动化终端的设计参照了国外终端功能设计模型，并针对国内电力供电特点做了改进。近年来，随着国民经济水平提高，国内用电量激增而迫切需要推进电力行业改革进程，终端的功能在市场的发展下发生了显著变化，以前侧重于限电，现在侧重于电力营销管理。直到 2004 年夏，计量自动化终端在国内经济实力较强的省市得以推广，其主要功能是对全网的用户用电量进行监测并根据用电负荷水平进行差异化调度。据论证，全国在不新增装机容量的情况下，只要加强用电管理，合理用电，就能开发出 60% 的电力余量。电力负荷控制的主要目标是改变电网负荷曲线形状，使电能较为均衡的使用，以提高电网运行的经济性、安全性和投资效益。目前终端已经具备了数据采集、参数设定和查询、控表功能、抄表功能、保电功能、剔除功能、告警功能、数据转发以及中文信息和密码确认等基本功能，此外，终端还能实现对电能表电量、需量、电压、电流、功率、功率因数、电压合格率等电表数据的自动采集、存储、统计以及远传，为电力系统提供各类电量结算数据，对电能表运行状况进行实时监控，对用电异常进行实时监察。

随着电力市场需求的不断增加、智能电能表的出现以及智能电网概念的提出，终端由原来的单一功能逐渐扩展到电能计量、电能质量监测、电压监测、停电监测和窃电监测等功能。实现对电力系统的数据采集、数据传输和实时监控，并利用其双向通信功能作为需求侧管理接口，实现对需求侧的实时管理操作，是计量自动化终端发展的新趋势。

计量自动化终端的广泛使用具有以下三方面的意义：①经济上，阶梯式计电费用使得用电高峰期负荷的价格提升为低谷负荷的几倍，鼓励用户高峰值时少用电，可平移到低谷值时用电；②技术上，计量自动化终端可以很好地参与到互联网产品中，更好地为智能电网服务；③行政上，可实现核心业务在线运转，员工可应用该系统进行工作。

1.4 电能计量自动化终端检测技术简介

1.4.1 研究现状

传统的计量自动化终端检测方式是：人工打开终端的尾盖螺丝，手工接模拟电源线、误差信号传输线；在检测过程中，由人工开启终端的编程开关，通过相应的检定软件系统控制检定过程，自动录入潜动、启动和误差等数据；检测完成后，要人工拆除模拟供电电源线、误差信号传输线，重新装好尾盖，再贴合格或不合格标签。整个检测的过程复杂，人工干预较多，人为因素导致的检测结果错误难以避免，劳动强度大，效率低。但这种方式依然被许多计量检测机构所采用。

近些年来，电能计量技术标准化和先进自动控制技术的成熟，加上电能计量自动化终端的外形结构和技术规范的统一及其规模化和标准化生产，给研究和设计电能计量自动化终端自动检测技术，实现终端的自动化检测和智能化仓储等奠定了基础。因此，计量检测工作的自动化得到越来越高的重视。

国内外相关单位对电能计量自动化终端的自动化检测技术研究不断深入，使得该技术日渐成熟。由于当前国家电网公司和南方电网公司的招标采购模式，准入门槛的高要求决定了只有少量产品先进、产量大、质量稳定的优秀厂家才能获得中标机会。为了保证计量自动化终端产品的质量，计量自动化终端供应商在国内较早地开始了自动检测技术的开发和应用，如深圳思达高科公司于2005年开始尝试打造国内第一家自动检测线。然而，该检测线在自动接线环节并未实现全接线，仅减少了电压接线的手工操作，该环节在2008年由长沙威胜信息技术有限公司实现了突破，完成了计量自动化终端的全自动接线。除此之外还有深圳科陆有限公司、郑州三晖电气股份有限公司和深圳浩宁达仪表股份有限公司等厂家在不断地探索电能计量自动化终端自动检测技术领域，解决相关的关键技术问题。

随着计量自动检测技术和智能仓储技术的深入研究，自动控制、图像识别、自动接线、气动应用、自动封印等技术的整合使得计量自动化终端的自动检测技术得到快速发展，近些年来该技术在部分省公司得到运用。目前在贵州、浙江、江苏和河南等地都已经建成电能计量自动化终端自动检测流水线，但它们大部分处于实验阶段，还没有得到广泛推广和普遍使用。2016年，深圳供电局有限公司已经建成包括各种终端（采集终端等）、监控分析、信息采集和计量管理于一体的计量自动化应用平台，完成了对电厂、变电站、公用变压器、专用变压器、低压集抄等发电侧、供电侧、配电侧、售电侧的综合性统一数据的自动采集监控功能，全面实现了发、供、配、售全面电能信息一体化监测管理和综合分析应用。

在长期的实践中，电能计量自动化终端自动检测技术在监控计量装置的正常运行时对发现计量故障有着十分重要的作用。2009 年至 2012 年台山供电局检测到的 155 起计量故障中，现场检查发现的 6 起故障占故障总数的 3.9%，而由电能计量自动化终端自动检测系统发现的 149 起故障占故障总数的 96.1%。

当前，电能计量自动化终端自动检测技术正在向高度自动化和智能化的方向发展，转变原有效率低下的手工检测模式，使电能计量自动化终端检测工作运作更加稳定，提高检测效率，减少系统误差和人为误差。

1.4.2 电能计量自动化终端自动检测技术主要内容

南方电网公司根据其电能计量自动化系统建设方案，需完成全部计量自动化终端更新任务并实现用电信息采集，支持全面电费控制，即由“全覆盖、全采集、全费控”的采集系统实现计量自动化终端数据远方采集、预购电控制、电费催收、电能质量监测、Web 信息发布、分析统计及与其他系统的接口等一系列功能，将计量自动化终端应用到千家万户。

自动化检测系统是能实现产品生产过程自动化的一种机器体系，通过采用一套能自动进行检测的机器设备，组成高度连续的、完全自动化的检测系统，来实现产品的检测，从而提高工作效率。降低生产成本、提高加工质量、快速更换产品，是机械制造业竞争和发展的基础，也是机械制造业技术水平的标志。

计量自动化终端自动检测系统主要由主站系统、测试系统、辅助系统和输送系统组成，相关技术如图 1-3 所示。

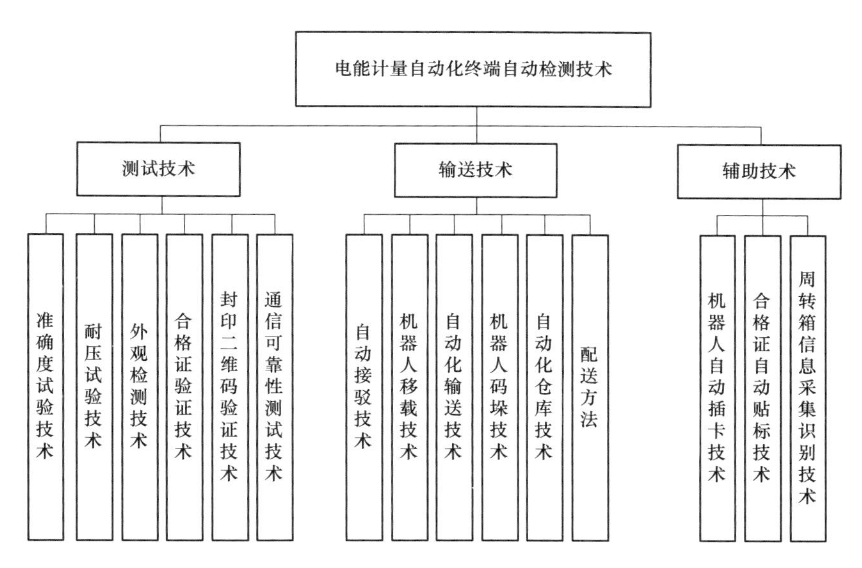

图 1-3 电能计量自动化终端自动检测技术框图

测试技术是对电能计量自动化终端的性能和功能，包括准确度试验、耐压试验、外观检测、合格证验证、封印二维码验证和通信可靠性测试，进行测试。

输送技术是用于电能计量自动化终端的输送、定位、端子压接、周转箱暂存等工作，能自动分拣合格和不合格计量自动化终端，并输送至不同区域。其中周转箱暂存单元负责空周转箱的暂时存放，并能够在计量自动化终端检定完毕后，自动将装箱的计量自动化终端进行码垛送回。包括自动接驳技术、机器人移载技术、自动化输送技术、机器人码垛技术、自动化仓库技术和电能计量自动化终端配送方法。

辅助技术是用于将IC卡插入电能计量自动化终端，对检定合格的电能计量自动化终端粘贴合格证，对计量自动化终端铭牌上的资产编号等条码信息和封印条码信息进行扫描，并将相关信息与电能计量自动化终端检定信息绑定。包括机器人自动插卡技术、合格证自动贴标技术和周转箱信息采集识别技术。

根据电能计量自动化终端在自动检测系统上的检测流程，电能计量自动化终端自动检测系统又可以划分为上料单元、输送单元、外观一致性检测单元、耐压单元、自动插卡单元、封印单元、贴标单元及下料单元等，实现电能计量自动化终端自动上料、传输、智能分拣、检测、施封和贴标等作业全过程的自动化。各个单元相辅相成，可以实现对各类终端的检测和故障隔离。另外，自动检测系统还配置监控仪器，对设备的运行状况进行就地监控并可以实时显示测量结果。这种检测流程可以大大提高检测效率，节省检测的物力人力。电能计量自动化终端自动检测系统流程如图1-4所示。

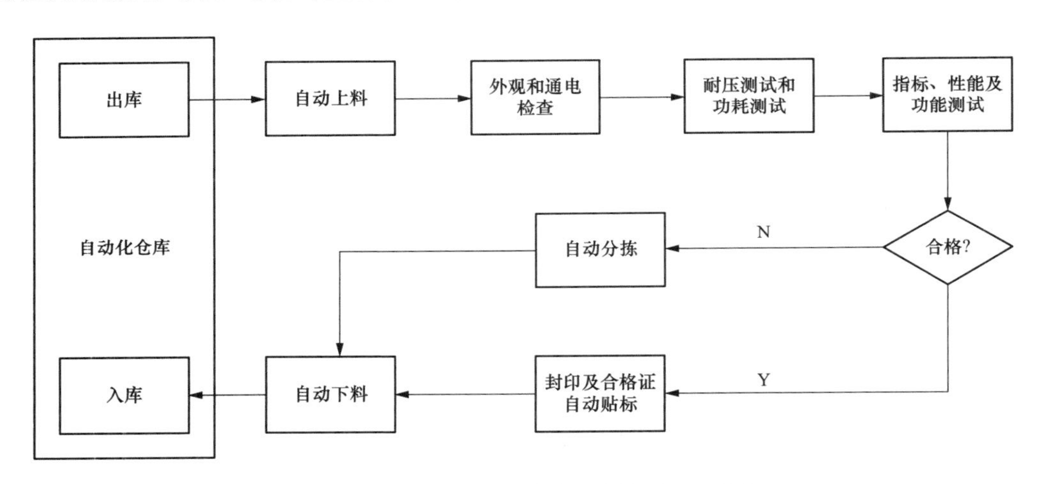

图1-4　电能计量自动化终端自动检测系统流程图

主要功能分为以下几个部分：

(1) 与自动化仓储系统输送装置的自动对接。根据下达的检测任务，经调度管理系统控制，从自动化仓库将需要检测的集装成箱成垛的电能计量自动化终端出库，自动拆垛后输送至上料机口。

(2) 电能计量自动化终端的上料。电能计量自动化终端自动检测系统安装了机器人，可根据派发的检测任务，通过识别技术，准确地将待检测的终端自动从料箱取出放置到工件托盘上，由自动识别单元与检测系统配合，将终端条形码与工件托盘进行信息绑定。

(3) 电能计量自动化终端的自动输送。输送系统贯穿检测系统的各个工作单元，输送单元的输送效率满足自动化检测的节拍需求，并设置合理的缓冲、工作、传输等区段。

（4）电能计量自动化终端的自动接驳。自动接驳单元通过对被检电能计量自动化终端进行准确定位，再对被检终端的电压端子、电流端子、辅助端子（校验脉冲、通信口等）进行可靠压接，实现自动接驳。

（5）外观和通电检查。依靠机器视觉装置，通过实时图像数据的采集，并和预留的合格终端的图像进行比对，检测电能计量自动化终端液晶在全屏显示和特定工况时显示是否正常。检查结果和异常原因按要求与条码信息对应，保存至指定位置。

（6）耐压试验和功耗检测。检测电能计量自动化终端电压回路、电流回路对地电压是否符合相关标准规范。耐压试验过程中发现有不合格的电能计量自动化终端时，自动停止并隔离故障终端；对耐压试验合格的电能计量自动化终端再进行功耗检测，并将结果上传至检测系统。

（7）电能计量自动化终端的技术指标及功能检测。电能计量自动化终端自动检测系统可根据相关检测规范对终端进行各项性能和功能测试。检测完毕将检测结果上传至检测系统。

（8）自动分拣。在耐压、外观、电气性能、技术指标及功能检测等检测完成之后，系统能够根据测试情况，实现自动分拣作业，将检测合格和不合格的电能计量自动化终端自动分离，进入不同的管理流程。根据需要，剔除不合格的计量终端。

（9）封印及合格证的粘贴。根据电能计量自动化终端的检测结果，自动完成电能计量自动化终端合格证的打印和粘贴工作，并将封印信息和电能计量自动化终端绑定。

（10）电能计量自动化终端的下料和自动装箱。下料机器人将已检测的电能计量自动化终端按类别、类型、规格、单位等进行分类装箱。

2 电能计量自动化终端

电能计量自动化终端主要有厂站电能量采集终端、负荷管理终端、配变监测终端、采集器、集中器和交互终端等。各种类型的终端对应不同种类电力场所和用户，包括变电站（所有关键点）、发电厂、专变用户（专线用户）、公变客户、低压居民用户，用于完成相应监测和计量设备管理。各类型终端的工作原理相似但又各有不同，主要是在监测范围和采集能力上有区别，相互之间不可替代，必须一一对应使用。

2.1 配变监测计量终端

2.1.1 配变监测计量终端的概念

配变监测计量终端是公用配电变压器综合监测终端，实现公变侧电能信息采集，包括电能量数据采集、配电变压器和开关运行状态监测、供电电能质量监测，并对采集的数据实现管理和远程传输，同时还具备集成计量、台区电压考核等功能。配变监测计量终端是智能电网建设环节的重要组成要素，同时还是实现谐波监视、自动采集、无功补偿以及运行监测的重要保障。配变监测计量终端不与任何其他计量装置配合使用，与负荷管理终端的原理最为接近，其特点是生产成本低、功能单一、质量不过硬、运行很不稳定、后期维护成本较高。

配变监测计量终端的基本工作原理是：①终端通过上行信道与计量自动化系统主站进行通信，能够接收主站的指令，并可以向主站发送数据；②配变监测计量终端根据主站的指令与电能表进行双向通信，向电能表发送相关指令，对电能表的数据进行抄读，并设置、保存电能表的相关参数。

2.1.2 配变监测计量终端的功能

2.1.2.1 计量功能

1. 电能计量。

1）有功电能计量。具有正向有功、反向有功电能计量功能，并可以设置组合有功电能。

2）无功电能计量。可分别计量四个象限的无功电能；也可设置成任意四个象限量之和，并可以设置组合无功电能。

出厂默认值：无功正向电能＝Ⅰ＋Ⅳ，无功反向电能＝Ⅱ＋Ⅲ。

3）分时有功电能计量。有功、无功电能量按相应的时段分别累计及存储总、尖、峰、平、谷电能量。

4）分相有功电能计量。具有计量分相有功电能量功能。

5）电能结算日电量。能存储12个结算日电量数据，结算时间可在每月1～28日中任何一日整点中设定。

6）电量补冻结。若停电期间错过结算时刻，上电时只补冻结最近一次结算数据。

2. 需量计量。

1）具有计量有功正、反向总、尖、峰、平、谷最大需量功能，需量数值带时标。

2）具有计量无功总、尖、峰、平、谷最大需量功能，需量数值带时标。

3）最大需量计算采用滑差方式，需量周期和滑差时间可设置。出厂默认值：需量周期15min、滑差时间1min。

4）当发生电压线路上电、时段转换、清零、时钟调整等情况时，终端应从当前时刻开始，按照需量周期进行需量测量。当第一个需量周期完成后，按滑差间隔开始最大需量记录。在一个不完整的需量周期内，不做最大需量的记录。

5）能存储12个结算日最大需量数据，结算时间与电能量结算日相同。

2.1.2.2 数据采集

1）电能表数据采集。配变监测计量终端可支持本地电能表抄读，至少可管理1000只电能表，按设定的采集任务对电能表数据进行采集、存储和上报。

2）开关量采集。具备实时采集遥信开关状态和其他开关状态信息的功能，并监测状态变位事件。

3）交流模拟量采集。具备三相总及分相交流电压、电流测量功能，电压、电流测量误差不超过±0.5%，功率测量误差不超过±1%。

2.1.2.3 数据处理与存储

终端存储容量不得低于128MB，能分类存储历史日、月以及曲线数据。

1）终端按照要求可以采集当前数据，包括当前三相电压、电流、三相总及分相有功功率、当前功率因数、零序电流等数据。

2）终端将采集的数据在日末（次日零点）形成各种历史日数据，要求保存最近30天日数据，包括日正向有功电能、日正向无功电能、日反向有功电能、日反向无功电能、日四个象限无功电能等示值。

3）终端将采集的数据在月末零点（每月1日零点）生成各种历史月数据，要求保存最近12个月的月数据。

4）终端可以按照设定的冻结间隔（15min、30min、45min、60min）形成各类冻结曲线数据，要求保存最近30天曲线数据，包括三相总及分相有功功率曲线、三相总及分相无功功率曲线、总功率因数曲线、电压曲线和电流曲线等。针对低压用户表，可选定不超过20户用户作为重点用户，按照采集间隔1h生成曲线数据，保存20个重点用户10天的24个整点电能数据。

5）终端记录电能表或终端本身所产生的重要事件，事件记录只保存不主动上送，主站可召测，要求终端能够保存每个测量点最近不少于10次记录，包括失压记录、失流记录、断相记录、校时记录等事件记录。

6）终端应能记录和显示低压抄表统计信息，比如日统计数据（抄读成功/失败电表数）、月统计数据等。

2.1.2.4 停电统计

终端停电是指三相电压均低于终端正常工作的临界电压（等于额定电压的60%）且三相电流均小于启动电流的状态。终端应具有停电统计功能，计算日、月停电累计时间。

2.1.2.5 数据传输

（1）与主站通信。

终端与主站之间的数据传输通道可采用无线公网（GSM/GPRS/CDMA/3G等）、以太网、光纤等，并应配备1个RJ45接口。无线公网通信单元应具备国家工业和信息化部颁发的电信设备进网许可证及国家权威机构颁发的3C证书。终端与主站的通信协议应符合相应的技术规范。

（2）与电能表通信。

终端下行通信采用RS485总线方式，并可支持低压电力线载波、微功率无线等方式。按设定的抄表间隔抄收和存储电能表数据。同时支持DL/T 645-2007《多功能电能表通信协议》及南方电网公司所使用的其他电能表通信协议，终端需同时支持2种或2种以上电能表通信协议。

（3）中继转发。

支持中继转发功能，完成主站与电能表之间直接通信。

（4）数据压缩。

终端应支持数据压缩功能，并可通过本地及远程设置。

（5）数据加密。

终端支持采用统一加密方法对通信数据进行加解密。

（6）级联。

终端应具有RS485级联接口，用于连接本地相邻的公变型终端或者集中器，通过命令和数据的转发，实现GPRS/CDMA的信道共享。默认通信波特率为9600bit/s。

设备级联时，终端可选择设置为主工作模式或从工作模式。只有一台终端可以设置为主工作模式，其余终端及集中器均为从工作模式。主工作模式下，终端能够通过级联RS485接口级联最多4台从工作模式终端或集中器，并通过主工作模式终端的远程上行通信通道与主站通信，从而实现主工作模式终端及其级联的从工作模式终端或集中器与主站之间的数据交换。主工作模式终端应周期性巡查级联的从工作模式终端或集中器，当从工作模式终端或集中器有主动上报数据需求时，主工作模式终端将从工作模式终端或集中器的数据转发给主站。

（7）无功补偿控制。

终端应具有RS485作为无功补偿控制接口，用于连接智能低压无功补偿装置。低压无功补偿装置应自身进行闭环控制。

2.1.2.6 参数设置和查询

1）支持主站设置和查询终端地址、终端配置参数、通信参数等基本参数，并能查询终端通信信号强度。

2）校时功能。支持主站对终端的对时；支持主站对终端管理的指定电能表进行点对点校时；终端可通过广播帧对管理的所有电能表进行广播对时。

3）支持主站设置和查询越限值参数。

4）支持主站设置和查询电能表档案参数、抄表间隔等测量点相关参数。

5）支持主站设置和查询普通任务、中继任务等相关参数。

2.1.2.7 电能质量监测

（1）电压监测功能。

按照 DL/T 500—2009《电压监测仪使用技术条件》规定，公变采集终端应具备监测电压偏差、统计电压合格率以及电压越限的功能：①对被监测电压采用有效值采样，其采样周期每秒至少 1 次，并作为预处理值储存，1min 作为一个统计单元，取 1min 内电压预处理值的平均值，代表被监测系统即时的实际运行电压；②采用交流采样技术计算有效值时，交流采样窗口至少连续 10 个周波；③应具有按月和按日统计的功能，包括电压合格率及合格累计时间、电压超上限率及相应累计时间、电压超下限率及相应累计时间，而且月统计时间可设置（默认为每个月 21 日零点）。

分相电压合格率的计算公式为

$$\text{分相电压合格率} = 1 - \frac{\text{电压越限时间}}{\text{电压监测总时间}} \times 100\% \tag{2-1}$$

总电压合格率的计算公式为

$$\text{总电压合格率} = 1 - \frac{\text{电压越限总时间}}{\text{电压监测总时间}} \times 100\% \tag{2-2}$$

式中：统计电压合格率的时间单位为“分钟”；任一分相电压越限时，电压越限总时间均累计计时。

（2）功率因数区段统计。

按设置的功率因数分段限值对监测点的功率因数进行分析统计，记录每日（月）功率因数越限值发生在各区段的累计时间。

（3）谐波监测。

终端应能按照 GB/T 14549—1993《电能质量　公用电网谐波》规定，计算各相电压、电流畸变率，各相电压、电流 19 次及以下各次谐波含量，并分别记录日（月）最大值、最小值、平均值、95%概率值。

（4）电压不平衡度越限统计。

终端应能按照 GB/T 15543—2008《电能质量　三相电压不平衡》规定，计算三相电压不平衡度，记录日（月）三相电压不平衡度最大值、最小值、平均值、95%概率值及极值发生时间，并统计日（月）三相电压不平衡度越限的累计时间。

(5) 电流不平衡度越限统计。

终端应能按照 GB/T 15543—2008《电能质量　三相电压不平衡》规定，计算三相电流不平衡度，记录日（月）三相电流不平衡度最大值、最小值、平均值、95%概率值及极值发生时间，并统计日（月）三相电流不平衡度越限的累计时间。

(6) 电压波动监测。

终端应能按照 GB/T 12326—2008《电能质量　电压波动和闪变》规定，计算电压波动值，记录日（月）电压波动最大值、最小值、平均值、95%概率值及极值发生时间，电压波动监测可作为可选项。

(7) 电压闪变越限统计。

终端应能按照 GB/T 12326—2008《电能质量　电压波动和闪变》规定，计算三相短时闪变、长时闪变值，分别记录日（月）最大值、最小值、平均值、95%概率值及极值发生时间，并统计日（月）长时闪变值越限的累计时间。

(8) 电压暂降、暂升、短时中断监测。

终端应能够按照 IEC 61000-4-30《电磁兼容（EMC）—试验和测量技术—电能质量测量方法》要求，监测电压暂降、暂升、短时中断事件并计量其发生时间与持续时间，以及事件发生期间电压极值。

(9) 告警功能。

终端可根据告警属性记录告警数据，支持主动向主站发送告警信息。

2.2　厂站电能量采集终端

2.2.1　厂站电能量采集终端的概念

厂站电能量采集终端是应用在发电厂和变电站的终端，主要功能是对电网之间的电量交换点、用于经济技术指标考核的电能计量点以及专线供电用户用于计费的计量点的电能进行计量，对部分运行状况进行专业化、规范化、固定化监测，将数据通过光纤通信通道上传到主站采集服务器，供计量自动化系统获取准确的数据。厂站电能量采集终端可以实现一个终端采集 64 路数据，可并行存储和传输，具有功能强、体积较大、质量好、运行稳定的特点。

厂站采集终端分为机架式厂站终端和壁挂式厂站终端。其中，机架式厂站终端是指可安装在发电厂和变电站标准屏柜内的插板式厂站终端，可以根据需要灵活配置各种类型采集模块和通信模块，以下简称机架式终端；壁挂式厂站终端是指可悬挂在发电厂和变电站标准计量屏壁上的厂站终端，以下简称壁挂式终端。

2.2.2　厂站电能量采集终端的功能

2.2.2.1　数据采集

(1) 实时采集。

终端应能通过菜单操作启动指定测量点的抄表过程，实时采集并正确显示返回数据信息，实时采集的数据项包括当前正向有/无功电能示值（总、各费率）、当前反向有/无功电能示值（总、各费率）和当前三相电压、电流等。

（2）定时采集。

终端应能按设定的采集时间间隔对电能表数据进行采集并分类存储，作为历史数据或生成事件数据供主站系统召测上传。定时采集的数据保存时应带有时标。

采集周期设定范围为1min～24h，至少具备3套独立采集方案，各数据类型采集周期独立可设。定时采集数据项包括当前正向有/无功电能示值（总、各费率）、当前反向有/无功电能示值（总、各费率）和当前四个象限无功电能示值（总、各费率）等。

（3）脉冲量采集。

终端应能接收电能表输出的脉冲，并根据电能表脉冲常数 K_p（imp/kWh 或 imp/kvarh）和初始底码计算生成累计电量数据。

（4）状态量采集。

终端应能实时采集遥信状态和其他状态信息，可通过菜单及主站实时查看，或生成状态变位事件。

2.2.2.2　数据处理

终端可对定时采集的数据进行分类处理，生成历史曲线数据、历史日数据、历史月数据。

（1）历史曲线数据。

终端可根据主站召测历史数据命令请求从定时采集的数据中生成符合相应数据周期（如1min、5min、15min、1h等）的历史曲线数据。

（2）历史日数据。

终端将定时采集的数据在日末（次日零点）形成各种历史日数据，并保存最近30天日数据，数据内容包括当前正向有功电能示值、当前正向无功电能示值、当前反向有功电能示值、当前反向无功电能示值和当前四个象限无功电能示值。

（3）历史月数据。

终端将采集的电表月冻结数据分类存储为历史月数据。

（4）存储要求。

终端数据存储容量不得低于64MB，能保证至少存储60天的64个测量点15min采集周期的电能量曲线数据，60天的日历史数据以及24个月的月历史数据，并且能按数据类型分类存储。

2.2.2.3　数据通信

（1）与表计通信。

1）通信接口。机架式终端具备不少于8路RS485接口，壁挂式终端具备不少于4路RS485接口。传输速率可选用300、600、1200、2400、4800、9600bit/s或以上。RS485接口应具备足够的抗冲击保护措施，能承受380V交流电压误接入持续5min不损坏，抗电快速脉冲群和雷击浪涌能力满足相应要求。

2）通信规约。终端应具备四种以上常用规约的智能电能表的接入能力，电能表规约应包括 DL/T 645—2007《多功能电能表通信协议》、IEC 1107《读表、费率和负荷控制的数据交换-直接本地数据交换》、IEC 62056-53《配电线报文规范》以及其他已发行的电能表规约，支持电表规约库升级。

（2）与主站通信。

1）通信接口。机架式终端应至少可支持 6 路上传通道，通道类型包括以太网络（采用 RJ45 接口，不允许采用串口协议转换设备）、音频专线、PSTN、RS485/RS232 等。其中至少支持 2 路独立网络接口。通道类型可根据实际通信条件灵活配置，以满足多个主站采集电能量的需要。壁挂式终端设备应至少具备 3 路上传通道，通道类型包括以太网络、音频专线、PSTN、GPRS、RS485/RS232 等，其中至少支持 2 路独立网络接口。通道类型和数量可根据实际通信条件灵活配置。终端支持以不同通信端口和多个不同主站同时通信的功能，并按照不同主站的召测数据命令上传相应的数据内容。

2）通信规约。终端应采用规定的通信规约，如《中国南方电网有限责任公司计量自动化终端上行通信规约》，与主站通信。

3）数据透传。终端应能接收主站下发的电能表数据抄读指令，实时转发给接入的电能表，并将电能表的应答信息返回给主站。

2.2.2.4 本地功能

（1）本地显示。

液晶屏采用 160×160 点阵显示，单个汉字点阵大小为 16×16，每行最多可显示汉字数 10 个（英文不超过 20 个），最多可显示 10 行，中英文字体采用宋体格式。终端可显示测量数据、计算及记录参数，并可通过按键操作切换显示各类数据与参数，轮显量可以设置。

（2）按键参数设置。

终端可通过面板按键和显示屏进行终端参数、电能表参数、通信参数、数据处理参数、用户权限等的修改和设置，并具有防止非法修改的安全保护措施。

（3）运行状态指示。

终端应有运行状态指示，包括终端电源、通信、抄表等工作状态。

（4）告警输出。

终端应具有告警输出接口，可接入到站内状态监测装置。

2.2.2.5 其他功能

（1）软件远程下载。终端软件可通过远程通信信道实现在线软件下载。

（2）远程参数维护。终端应可通过远程通信信道对终端参数、电能表参数等进行远程参数维护。

（3）断点续传。终端进行远程软件下载时，终端软件应具有断点续传能力。

（4）终端版本信息。终端应能通过本地显示或远程召测查询终端版本信息。

（5）数据备份（该功能选配）。终端应具备 SD 数据接口进行数据备份和参数备份功能。

2.3 集中器和采集器

集中器、采集器是安装于低压居民用电侧的采集终端，配合居民用户计量电能表使用。其中，采集器仅用来采集用户计量电能表的电能量数据，通过有线或无线的方式传输到集中器；集中器相当于网络交换机，聚合一定数量的输入和一定数量的输出，将各路采集器传输过来的数据集中统一上传至系统采集服务器。

2.3.1 集中器

集中器是指收集各采集器或电能表的数据，并进行处理储存，同时能和主站或手持设备进行数据交换的设备。

2.3.1.1 数据采集与处理

（1）电能表数据采集。

集中器按下列方式采集电能表的数据：

1）实时采集：主站通过集中器采集指定电能表的相应数据项。

2）定时自动采集：集中器自动采集电能表的数据和事件记录。

3）自动补抄：集中器如在规定时间内未抄读到电能表的数据，应有自动补抄功能。集中器能够按给定的采集方案采集数据，并具备自动补抄机制。

（2）存储要求。

集中器存储容量不得低于128MB。应能分类存储电能表历史日、月、整点曲线以及告警等数据，所有的电能数据存储时应带有时标。集中器管理的单相电能表数量不少于1000只，其中重点用户不少于20只，三相多功能电能表数量不少于200只。

（3）当前数据。

主站通过集中器采集当前数据内容包括当前电压、电流、当前总及分相有/无功功率、当前功率因数、当月有功最大需量及发生时间、当前电压、电流相位角等。

（4）历史日数据。

集中器将采集的数据在日末（次日零点）形成各种历史日数据，要求保存每个电能表最近31天日数据，历史日采集数据内容包括日正向有/无功电能示值（总、各费率）、日反向有/无功电能示值（总、各费率）、日四个象限无功电能示值、电能表状态字和终端与主站日通信流量。

（5）历史月数据。

集中器将采集的数据在月末零点（每月1月零点）生成各种历史月数据，要求保存最近12个月的月数据，历史月采集数据包括月正向有/无功电能示值（总、各费率）、月反向有/无功电能示值（总、各费率）、月四个象限无功电能示值、月电压越限统计数据和终端与主站月通信流量。

（6）曲线数据。

集中器应能要求选定某些用户为重点用户，每个集中器下重点用户最大数量不超过

20户，按照采集间隔1h生成曲线数据，要求保存20个重点用户10天的24个整点电能数据，电能数据存储时应带有时标。数据内容包括整点正向有/无功电能示值（总、各费率）、整点反向有/无功电能示值（总、各费率）、整点三相电压示值、整点三相电流示值和整点总功率因数示值。

（7）事件记录。

集中器记录电能表或集中器本身所产生的重要事件，事件记录只保存不主动上送，主站可召测，要求集中器能够保存最近每个测量点每种事件不少于10次记录，记录内容包括终端停电记录、控制事件记录和参数变更记录。

（8）抄表统计数据。

集中器应能记录和显示抄表统计信息，比如：日统计数据（抄读成功/失败电表数）、月统计数据等，统计内容包括日正向有功总电能示值抄读成功数、日正向有功总电能示值抄读失败数、月正向有功总电能示值抄读成功数和月正向有功总电能示值抄读失败数。

2.3.1.2 数据传输

终端应标配1个RJ45接口，与主站之间的上行数据传输通道可采用无线公网（GSM/GPRS/CDMA/3G等）、以太网等。所使用无线公网通信单元应符合国家工业和信息化部颁发的电信设备进网许可证及国家权威机构颁发的3C证书。

集中器的下行通信采用低压电力线载波、RS485总线、微功率无线等方式，系统组网示意图如图2-1～图2-3所示。

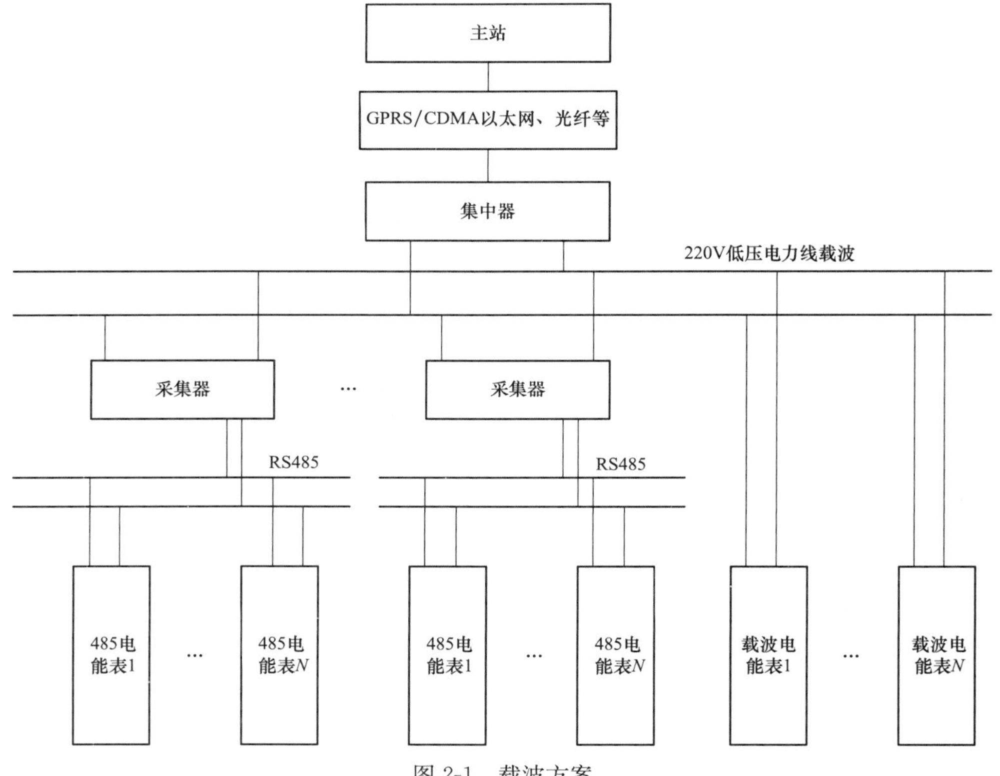

图2-1 载波方案

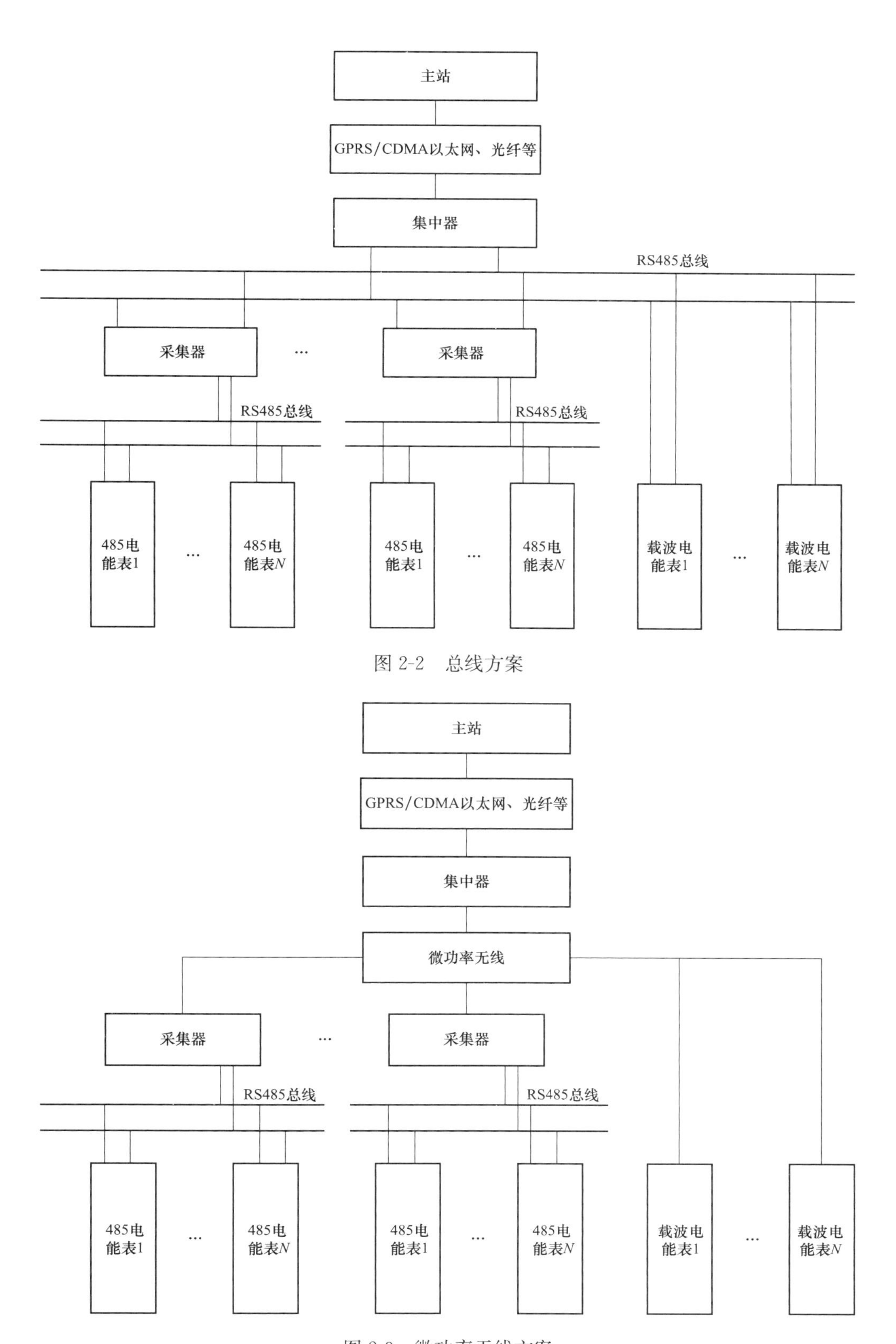

图 2-2　总线方案

图 2-3　微功率无线方案

采用载波通信方式时，载波芯片（模块）应选用现场已得到广泛应用、实际运行效果良好并经过检测合格的产品。为确保系统兼容性与开放性，应用同一种型号载波芯片（模块）生产的产品彼此之间应可互通互换，并具备产品升级的向下兼容性。

（1）与主站通信。

集中器与主站的通信协议应符合相应的技术规范，如《中国南方电网有限责任公司计量自动化终端上行通信规约》。

（2）与电能表通信。

按设定的抄表间隔抄收和存储电能表数据。同时支持 DL/T 645—2007、DL/T 645—1997 及已经使用的其他电能表通信协议，集中器需同时支持 2 种或 2 种以上电能表通信协议。与采集器使用 RS485 通信时，默认采用 2400bit/s，8 位数据位，1 位停止位，偶校验。

（3）级联通信。

当用电现场安装有多个集中器或同时安装有配变监测终端（简称公变终端）时，可以通过级联功能实现远程通信通道的共享。集中器之间或与公变终端之间通过 RS485 总线级联，其中只有一台集中器或公变终端负责与主站进行通信，称为主终端；其余的集中器或公变终端称为从终端；从终端通过级联 RS485 总线利用主终端的远程通信通道和主站进行通信。一台主终端下挂的从终端不超过 4 台。集中器级联除实现远程通信通道共享之外，安装在同一台区的集中器和公变终端之间还能够利用级联 RS485 接口实现集中器采集公变终端内的电能量数据，用于集中器进行台区线损分析。级联 RS485 默认采用 9600bit/s，8 位数据位，1 位停止位，偶校验。

（4）自动识别电能表。

集中器能够自动识别和管理其下属连接的采集器和电能表，这将有利于简化系统建设过程中的参数设置和调试工作，并在今后的运行维护中，如表计更换、台区调整均能及时识别并通知系统进行参数调整。

（5）中继转发。

支持中继转发功能，完成主站与电能表之间直接通信。

（6）数据压缩。

集中器应支持数据压缩功能，并可通过本地及远程设置。

（7）数据加密。

集中器支持采用统一加密方法对通信数据进行加解密。

2.3.1.3 参数设置和查询

（1）集中器基本参数。

主站可以设置和查询集中器地址、集中器配置参数、通信参数等，并能查询集中器通信信号强度。

（2）校时功能。

集中器校时：支持主站对集中器的对时；

电能表校时：支持主站对集中器管理的指定电能表进行点对点校时；

电能表广播校时：集中器可通过广播帧对管理的所有电能表进行广播对时。

（3）限值参数。

支持主站设置和查询日线损率越限报警阈值，月通信流量越限值，电能表时钟超差阈值等。

（4）测量点基本参数。

支持主站设置电能表参数功能，电能表参数包括测量点状态、测量点地址、通信规约、通信端口号、端口参数、电能表类型、总分类型、重点户属性、拉闸功能、最大费率数、采集器地址和 TA 变比。支持由主站删除电能表功能，支持主站查询集中器中存储的电能表参数功能。

（5）任务参数。

支持主站设置和查询普通任务、中继任务等相关参数。

2.3.1.4 控制功能

集中器支持主站命令对电能表实行远程控制功能。当集中器收到主站的“对电能表遥控拉闸”或“对电能表遥控合闸”命令后，若目标电能表具备拉合闸功能，集中器应立即向主站正常应答，而不必考虑受控电能表是否已经真正动作。若目标电能表不具备拉合闸功能，集中器应向主站返回异常。在控制生效时间内，集中器将下发相应的拉合闸控制命令给目标电表，并从目标电能表检索控制的结果状态，如果在生效时间内，控制执行结果成功，集中器应将“继电器变位”主动上报主站。如果确定控制执行结果没有成功，集中器应将“电能表拉合闸失败”主动上报主站。

2.3.1.5 告警功能

集中器支持主动向主站发送告警信息，并保存最近 400 条告警记录。若集中器与主站通信中断，待通信恢复正常后上送中断期间内最近 20 条告警信息。

（1）计量设备运行告警。

1）电能表运行监测。

集中器按设定的抄读周期自动巡查所有三相多功能电能表的失压总次数、失流总次数、编程总次数和潮流反向总次数等数据。若数据有变化，则应记录事件并在 2 个抄表周期内向主站上报。集中器应对每只三相多功能电能表单独保存至少最近 10 条事件记录。

2）继电器变位。

集中器按设定的抄读周期监测电能表的运行状态字，若监测到继电器状态发生变化，则产生继电器变位告警，并主动上报。

3）电能表拉合闸控制失败。

集中器收到主站发起的拉合闸控制命令帧后，在控制生效时间内，集中器将下发相应的拉合闸命令给目标电能表，并从目标电表读取状态，如果在生效时间内控制执行没有成功，集中器应主动上报拉合闸失败告警。

4）电能表抄表失败。

集中器具备监测抄表失败的功能。集中器首先对下行接入电能表依次进行抄读，然后需对未抄读成功的电能表进行补抄。若在规定时间内（默认 3 天）始终无法采集电能表数据，则应产生抄表失败告警，并向主站上报。

5）电能表时钟异常。

以集中器时钟为准，当电能表时钟与集中器时钟误差超过设定值（默认 5min），判断为电能表时钟异常。可不区分外部设置、走时超差或时钟失效，在时钟异常期间，集中器保证每日上报一次，直到时钟恢复为止。

6）电能表时段或费率更改。

集中器查询电能表所有费率时段，若检测到发生变化则产生费率时段更改告警，并向主站上报。

7）剩余金额不足。

预付费电能表剩余金额小于预先设定的门限值则产生剩余金额不足告警。集中器每日轮询预付费类电表的剩余金额，若某预付费表剩余金额小于门限值则产生相应告警并上报，在预付费表发生该告警期间，集中器保证每日上报一次，直到恢复为止。

8）电能表停走。

由于电能表故障，电能表在一定功率下，电量（正向和反向）读数长时间不发生变化。用电能表当前总功率计算电量增量，当增量大于设定值（默认值为 0.1kWh）而电能表电量读数仍不发生变化，则产生电能表停走告警。当电能表电量读数发生变化，将增量清零。当电能表停走告警已发生，当该告警没有恢复将不再上报停走告警，仅对电能表的正向总有功电量进行判断。

9）示度下降。

集中器每日轮询电能表的正、反向有功总电量，若后面的数据小于前面的数据则产生示度下降告警，并向主站上报。

（2）其他告警。

1）掉电/上电监测。

集中器具备判断掉电/上电功能，若发生掉电/上电事件，则应记录“终端掉电”状态，并向主站上报。

2）通信流量监测。

集中器具备监测通信流量的功能。集中器与主站月通信流量超过月通信流量越限值，则应记录“月通信流量越限”状态，并向主站上报。

3）月通信流量越限。

集中器每日进行当月通信流量统计，若当月通信流量超过预设门限值则产生月通信流量越限告警并上报，发生该告警期间，集中器保证每日上报一次，直到跨月为止。

2.3.1.6 本地接口

（1）本地状态指示。

集中器界面应具备电源、工作状态、通信状态等指示功能。

（2）本地显示。

液晶屏采用 160×160 点阵显示，单个汉字点阵大小为 16×16，每行最多可显示汉字数 10 个（英文不超过 20 个），最多可显示 10 行，中英文字体采用宋体格式。集中器应以点阵汉字方式显示测量数据、计算及记录参数，要求多种量测值可同屏幕显示，并可通过按键操作切换各类参数。

（3）本地维护接口。

集中器应有本地维护 RS232、USB 接口，通过维护接口设置集中器参数，进行软件升级等。集中器具有远红外通信接口，通过该通信接口实现本地对集中器数据读取和参数设置，通信速率默认为 1200bit/s，通信协议应符合相关的通信规约，如《中国南方电网公司计量自动化终端上行通信规约》。进行维护时，集中器应具有权限和密码管理等安全措施，防止非授权人员操作。

（4）本地测试接口。

应具有 RS485 作为功能测试本地通信接口，用作无线通道（GPRS/CDMA）进行功能测试时的备用接口。测试 RS485 采用 9600bit/s，8 位数据位，1 位停止位，偶校验。使用测试 RS485 进行协议测试时，集中器需关闭主动上报功能，数据由主站召测。

（5）本地用户接口。

本地通信接口中可有一路作为用户数据接口，提供用户数据服务功能。

2.3.1.7 终端维护

（1）终端启动。

终端上电启动、复位重启或自恢复重启至具备全部功能（除主站登录）的时间不应超过 40s。

（2）自检自恢复。

应具备自测试、自诊断功能，在终端出现死机、模块工作异常但没有损坏情况下，终端要求在 3 倍启动时间内检测发现该故障并完成自恢复。终端掉线后应具备定时重新拨号功能，重拨间隔和重拨次数可设置。

（3）终端复位。

集中器可通过本地或远程复位操作或命令分别对硬件、参数区和数据区进行初始化。

（4）远程软件升级。

集中器可通过远程通信信道实现软件升级，并支持断点续传方式。远程软件升级流程应主要包含：① 建立升级文件连接；② 请求升级块信息；③ 设置块属性、传输属性；④ 数据包传输；⑤ 关闭升级文件连接；⑥ 升级文件完整性检查；⑦ 终端程序更新；⑧ 终端自动复位。升级过程中，终端仍支持电能计量、本地数据采集功能。升级成功后，原有的终端参数以及存储数据不能改变。

2.3.2 采集器

采集器是用于采集多个电能表电能信息，并可与集中器交换数据的设备。直接转发低压集中器与电能表间的命令和数据。

2.3.2.1 数据采集

采集器应能通过上行信道接收集中器下发的电能表数据抄读和控制指令实时转发给下连的 RS485 电能表，然后将电能表的应答数据信息回送给集中器。采集器应支持集中器对 RS485 电能表所有数据抄读（含扩充数据标识集）、广播校时、拉合闸控制等指令的转发。

针对采集器下连电能表通信波特率可能存在不一致情况，采集器应具备自适应波特率抄读下行电能表功能。

2.3.2.2 数据传输

采集器上行通信介质可采用有线、电力线载波、微功率无线、红外等。采集器下行采用 RS485 接口进行通信。

采集器应支持 DL/T 645—2007《多功能电能表通信协议》。采集器与采集器之间采用低压电力线载波、RS485 总线或微功率无线通信，适用于 RS485 电能表、载波电能表。

同一个集中器管理的范围内，集中器可以对同一个信道范围内的采集器和载波电能表（或 RS485 电能表）进行抄表和管理。一个采集器可以管理一个或多个 RS485 接口电能表的数据传输，从而保证整个系统的兼容性。从系统的角度看，采集器相当于虚拟了 N 个 RS485 的电能表，系统召读采集器中的数据相当于直接抄读系统中 RS485 电能表。

数据传输功能内容如下：

1）可以通过上行 RS485 或载波方式与集中器进行通信，接收并响应集中器的命令，并向集中器传送数据。

2）中继转发，采集器支持集中器与其他采集器之间的通信中继转发。

3）通信转换，采集器可转换上、下信道的通信方式。

2.3.2.3 本地功能

采集器具有电源、工作状态、通信状态等指示。提供本地维护接口，支持手持设备通过红外通信口等本地维护接口设置参数和现场抄读电能量数据。

2.3.2.4 终端维护

终端应有自测试、自诊断功能。

2.4 负荷管理终端

2.4.1 负荷管理终端的概念

负荷管理终端是安装于专变用户现场用于现场服务与管理的终端设备，实现对专变用户的远程抄表、电能计量、设备工况、客户用电负荷与电能量监控等功能。终端主要面向中小变电站、小水电站和各类工矿企业、制造业、商业、公共事业、交通、油田等需要进行用电监测和用电分析的场所。专变采集终端与其他电力采集终端的最主要不同是它采集交流数据，并根据对这些数据的分析，快速准确地做出相应的控制举动。负荷管理终端的特点是生产成本低、功能单一、质量不过硬、运行很不稳定、后期维护成本较高。

负荷管理终端的基本工作原理是：终端通过上行信道与主站通信，接收主站的指令，向主站发送数据；终端根据主站指令与电能表双向通信，向电能表发送指令，抄读电能表的数据，设置、保存电能表的相关参数。

2.4.2 负荷管理终端的功能

2.4.2.1 计量功能

（1）有功电能计量。具有正向有功、反向有功电能计量功能，并可以设置组合有功电能。

（2）无功电能计量。可分别计量四个象限的无功电能；也可设置成任意四个象限量之和，并可以设置组合无功电能。

出厂默认值：无功正向电量＝Ⅰ＋Ⅳ，无功反向电量＝Ⅱ＋Ⅲ。

（3）分时电能计量。有功、无功电能量按相应的时段分别累计及存储总、尖、峰、平、谷电能量。

（4）分相有功电能计量。具有计量分相有功电能量功能。

（5）电能结算日电量。能存储12个结算日电量数据，结算时间可在每月1～28日中任何一日整点中设定。

（6）电量补冻结。停电期间错过结算时刻，上电时只补冻结最近一次结算数据。

2.4.2.2 需量计量

（1）具有计量有功正、反向总、尖、峰、平、谷最大需量功能，需量数值带时标。

（2）具有计量无功总、尖、峰、平、谷最大需量功能，需量数值带时标。

（3）最大需量计算采用滑差方式，需量周期和滑差时间可设置。出厂默认值：需量周期15min、滑差时间1min。

（4）当发生电压线路上电、时段转换、清零、时钟调整等情况时，终端应从当前时刻开始，按照需量周期进行需量测量，当第一个需量周期完成后，按滑差间隔开始最大需量记录。在一个不完整的需量周期内，不做最大需量的记录。

（5）能存储12个结算日最大需量数据，结算时间与电能量结算日相同。

2.4.2.3 数据采集

（1）电能表数据采集。按设定的采集任务对电能表数据进行采集、存储和上报。

（2）开关量采集。具备实时采集遥信开关状态和其他开关状态信息的功能，并监测状态变位事件。

（3）交流模拟量采集。具备三相总及分相交流电压、电流测量功能，电压、电流测量误差不超过±0.5%，功率测量误差不超过±1%。

2.4.2.4 数据处理与存储

（1）当前数据。

终端按照要求可以采集当前数据，数据内容包括当前三相电压、电流、当前三相总及分相有功功率、当前三相总及分相有/无功功率和功率因素等。

（2）历史日数据。

终端将采集的数据在日末（次日零点）形成各种历史日数据，要求保存最近 30 天日数据，数据内容包括日正向有/无功电能示值（总、各费率）、日反向有/无功电能示值（总、各费率）、日组合有/无功电能示值（总、各费率）等。

（3）历史月数据。

终端将采集的数据在月末零点（每月 1 月零点）生成各种历史月数据，要求保存最近 12 个月的月数据，内容包括月正向有/无功电能示值（总、各费率）、月反向有/无功电能示值（总、各费率）、月组合有/无功电能示值（总、各费率）等。

（4）曲线数据。

终端可以按照设定的冻结间隔（15min、30min、45min、60min）形成各类冻结曲线数据，要求保存最近 30 天曲线数据，数据内容包括总及分相有功功率曲线、总及分相无功功率曲线、总功率因数曲线和电压曲线等。

（5）事件记录。

终端记录电能表或终端本身所产生的重要事件，事件记录只保存不主动上送，主站可召测，要求终端能够保存每个测量点最近不少于 10 次记录，记录内容包括失压记录、失流记录、相记录和编程记录等。

2.4.2.5 停电统计

终端停电指三相电压均低于终端正常工作的临界电压（等于额定电压的 60%）且三相电流均小于启动电流的状态。终端应具有停电统计功能，计算日、月停电累计时间。

2.4.2.6 数据传输

（1）与主站通信。

终端与主站的通信协议应符合相应的通信规约，如《中国南方电网有限责任公司计量自动化终端上行通信规约》。

（2）与电能表通信。

按设定的抄表间隔抄收和存储电能表数据。同时支持 DL/T 645—2007、DL/T 645—1997 及南方电网公司所使用的其他电能表通信协议，终端需同时支持 2 种或 2 种以上电能表通信协议。

（3）中继转发。

支持中继转发功能，完成主站与电能表之间直接通信。

（4）数据压缩。

终端应支持数据压缩功能，并可通过本地及远程设置。

（5）数据加密。

终端支持采用统一加密方法对通信数据进行加解密。

2.4.2.7 参数设置和查询

（1）支持主站设置和查询终端地址、终端配置参数、通信参数等基本参数，并能查询终端通信信号强度。

（2）具备和主站对时的功能，对时误差不超过±3s；具备通过 RS485 接口对电能表对时功能。

（3）支持主站设置和查询越限值参数。

（4）终端控制参数包括终端功率控制参数和终端电量控制参数。其中，终端功率控制参数包括支持主站设置和查询功控各时段和相应控制定值、定值浮动系数等时段功控参数以及临时限电控参数，轮次开关及告警时间等；终端电量控制参数包括支持主站设置和查询购电量、轮次电量、月电量定值等控制参数。

（5）支持主站设置和查询电能表档案参数、抄表间隔等测量点相关参数。

（6）支持主站设置和查询普通任务、中继任务等相关参数。

2.4.2.8 控制功能

控制功能包括功率定值控制、电量定值控制及远程遥控和保电功能等。终端可通过设置控制有效标识来启用或禁止各类控制功能。各种控制参数支持远方（主站）设置或现场（终端）设置。参数设置、控制投入或解除以及控制执行时，应有音响（或语音）告警通知客户，在控制过程中应在显示屏上显示当前控制状态、控制定值、控制对象、执行结果等信息。

跳闸信号输出必须有防误动措施，保证跳闸操作的可靠性。在开关跳闸或合闸后，终端应将相关信息主动上报主站。

1）功率定值控制。功率定值控制分为时段控、厂休功控和临时限电控等控制类型。控制的优先级由高至低为临时限电控、厂休功控、时段功控。若多种功率控制类型同时投入，只执行优先级最高的功率控制类型。

2）电量定值控制。电量定值闭环控制可分为月电量控、购电量控制。

3）远程遥控。终端接收主站的跳闸控制命令后，按设定的拉闸命令告警延时和控制轮次动作跳闸；同时终端应有音响（或语音）告警通知客户，并记录跳闸时间、跳闸轮次、跳闸前/后功率等，显示屏应显示执行结果。终端接收到主站的允许合闸控制命令后，应有音响（或语音）告警通知客户，允许客户合闸。

4）保电功能。终端接收到主站下发的保电投入命令后，进入保电状态，自动解除原有控制状态，并在任何情况下均不执行跳闸命令。终端接收到主站的保电解除命令，恢复正常执行控制命令。在终端上电 15min 内或与主站通信持续不能连接时，终端应自动进入保电状态，待终端与主站恢复通信连接后，终端自动恢复到断线前的控制状态。

2.4.2.9 电能质量监测

（1）电压监测功能。

按照 DL/T 500—2009《电压监测仪使用技术条件》规定，应具备监测电压偏差、统计电压合格率以及电压越限的功能。对被监测电压采用有效值采样，其采样周期每秒至少 1 次，并作为预处理值储存。1min 作为一个统计单元，取 1min 内电压预处理值的平均值，作为代表被监测系统即时的实际运行电压。应具有按月和按日统计的功能，包括电压合格率及合格累计时间、电压超上限率及相应累计时间、电压超下限率及相应累计时间。

（2）功率因数区段统计。

按设置的功率因数分段限值对监测点的功率因数进行分析统计，记录每日（月）功率因数越限值发生在各区段的累计时间。

（3）谐波监测。

终端应能按照 GB/T 14549—1993 规定计算各相电压、电流畸变率，各相电压、电流 19 次及以下各次谐波含量。分别记录日（月）最大值、最小值、平均值、95%概率值。

（4）电压不平衡度越限统计。

终端应能按照 GB/T 15543—2008 规定计算三相电压不平衡度，记录日（月）三相电压不平衡度最大值、最小值、平均值、95%概率值及极值发生时间，并统计日（月）三相电压不平衡度越限的累计时间。

（5）电流不平衡度越限统计。

终端应能按照 GB/T 15543—2008 规定计算三相电流不平衡度，记录日（月）三相电流不平衡度最大值、最小值、平均值、95%概率值及极值发生时间，并统计日（月）三相电流不平衡度越限的累计时间。

（6）电压波动监测。

终端应能按照 GB/T 12326—2008 规定计算电压波动值，记录日（月）电压波动最大值、最小值、平均值、95%概率值及极值发生时间。

（7）电压闪变越限统计。

终端应能按照 GB/T 12326—2008 规定计算三相短时闪变、长时闪变值，分别记录日（月）最大值、最小值、平均值、95%概率值及极值发生时间，并统计日（月）长时闪变值越限的累计时间。

（8）电压暂降、暂升、短时中断。

终端应能够按照 IEC 61000-4-30 要求监测电压暂降、暂升、短时中断事件并计量其发生时间与持续时间，以及事件发生期间电压极值。

2.4.2.10 告警功能

终端可根据告警属性记录告警数据，支持主动向主站发送告警信息。告警记录内容包括电能表时钟异常、电能表编程时间更改、时钟电池电压过低和计量互感器倍率更改等。

2.4.2.11 本地接口

液晶屏采用 160×160 点阵显示，单个汉字点阵大小为 16×16，每行最多可显示汉字数 10 个（英文不超过 20 个），最多可显示 10 行，中英文字体采用宋体格式。终端可显示测量数据、计算及记录参数，并可通过按键操作切换显示各类数据与参数。

（1）本地维护接口。

终端应有本地维护 RS232 接口，通过维护接口设置终端参数，进行软件升级等。

终端具有远红外通信接口，通过该通信接口实现本地对终端数据读取和参数设置，通信速率默认为1200bit/s，通信协议应符合相应的通信规约，如《中国南方电网有限责任公司计量自动化终端上行通信规约》。

进行维护时，终端应具有权限和密码管理等安全措施，防止非授权人员操作。

（2）本地测试接口。

应具有一路RS485功能测试本地通信接口，通信协议应符合相应的通信规约，如《中国南方电网有限责任公司计量自动化终端上行通信规约》。

测试RS485默认采用9600bit/s，8位数据位，1位停止位，偶校验。

使用测试RS485进行协议测试时，终端需关闭主动上报功能，数据由主站召测。

（3）本地用户接口。

本地通信接口中可有一路作为用户数据接口，提供用户数据服务功能。

2.4.2.12 终端维护

（1）终端启动。

终端上电启动、复位重启或自恢复重启至具备全部功能（除主站登录）的时间不应超过40s。

（2）自检自恢复。

应具备自测试、自诊断功能，在终端出现死机、模块工作异常但没有损坏情况下，终端要求在3倍启动时间内检测发现该故障并完成自恢复。

（3）终端复位。

终端可通过本地或远程复位操作或命令分别对硬件、参数区、数据区进行初始化。

（4）远程升级。

可通过远程通信信道实现软件升级；应具有断点续传能力。

2.5 交互终端

2.5.1 交互终端的概念

交互终端是由通信单元、显示单元、主控单元及CPU卡接口单元等组成，用于客户服务与管理，可识别CPU卡，实现对费控电能表开户、充值及参数更新等功能，同时具备报警提示、通信转发、查询显示等功能的终端设备。

2.5.2 交互终端的功能

2.5.2.1 数据采集和存储功能

（1）电能表数据采集分为2种方式：①主动采集：定时或根据用户刷卡实时采集电能表中的用电信息及金额等数据；②通信监控：监控主站对指定电能表的相应数据项。

（2）采集优先级别。发生下面2种情况时，可暂时停止主站或计量自动化终端的采集任务：①交互终端用户持卡操作，需要对电能表进行数据采集；②交互终端定时采集电能表报警信息。若①和②并发时，优先响应①，当①结束后恢复②。交互终端对电能表完成通信后应立即恢复主站或计量自动化终端对电能表的通信，恢复时间不长于100ms。

（3）存储要求：交互终端存储容量不得低于128MB，并能满足历史数据存储的需求；交互终端采用485通信时，每个RS485回路管理的电能表数量不多于32只；交互终端应能存储至少64只电能表的历史数据。

2.5.2.2　数据传输功能

（1）与主站通信。交互终端与主站的通信协议应符合相应的通信规约，如《中国南方电网有限责任公司计量自动化终端上行通信规约》，安全认证功能需满足相应的技术规范，如《中国南方电网公司费控电能表信息交换安全认证技术要求》。

（2）与集中器通信。交互终端与集中器的通信协议应符合DL/T 645—2007及扩展通信规约。

（3）与电能表通信。支持DL/T 645—2007及扩展通信规约。默认采用2400bit/s，8位数据位，1位停止位，偶校验。

（4）支持中继转发功能，完成主站与电能表之间直接通信。

2.5.2.3　数据查询功能

（1）实时数据查询：交互终端应能查询的实时数据内容包括实时电压、电流、实时总及分相有功功率和当前功率因数等。

（2）历史数据查询：交互终端应能查询的历史数据内容包括日正向有/无功电能示值（总、各费率、日反向有/无功电能示值（总、各费率）、月正/反向有功电能示值（总、各费率）等。

2.5.2.4　参数信息设置功能

（1）基本参数。

可通过远程或者本地方式进行终端基本参数以及测量点基本参数信息的读取和设置。

（2）校时功能。

交互终端校时：支持主站对交互终端的对时；

电能表校时：支持主站对交互终端管理的指定电能表进行点对点校时；

电能表广播校时：交互终端可通过广播帧对管理的所有电能表进行广播对时。

2.5.2.5　用户提示功能

交互终端可按设定的抄读周期监测费控电能表的用电信息及余额信息，可显示用户实时、历史用电信息及欠费等信息，同时具备用户提示功能。默认状态下，交互终端不主动轮显提示信息，用户可根据需求自定义轮显的提示项。

2.5.2.6　卡片操作功能

交互终端支持用户持CPU卡操作功能。交互终端应符合相应的通信规约，如《中国南方电网公司费控电能表信息交换安全认证技术要求》，在与CPU卡及电能表进行身份认证后，读取卡中的信息，对费控电能表实现以下功能：

开户功能：识别开户卡，向费控电能表下发参数文件。

充值功能：识别用户卡，向费控电能表下发参数文件。

补卡功能：识别补卡，向费控电能表下发参数文件。

参数更新功能：识别用户卡，向费控电能表下发参数文件。

查询功能：识别用户卡，读取费控电能表相关数据。

合闸复电功能：识别用户卡，费控电能表运行在远程模式时，向费控电能表发送合闸命令。

2.5.2.7 本地接口

（1）本地状态指示。

交互终端应具备运行指示灯和二路下行通信指示灯。

运行指示灯：红色。交互终端运行正常时，运行指示灯持续闪亮；系统故障（如射频卡失败、读硬件时钟失败等）时，运行指示灯闪动，点亮与熄灭时间各 1s。

下行 1 通信指示灯：绿色。常灭。当通信中收到正确应答帧时，每帧闪烁 100ms。

下行 2 通信指示灯：绿色。常灭。当通信中收到正确应答帧时，每帧闪烁 100ms。

（2）本地显示。

交互终端应以汉字或阿拉伯数字显示测量数据、计算及记录参数，要求多种量测值可同屏幕显示，并可通过按键操作切换各类参数。中英文和数字字体采用黑体格式，标点符号采用全角。

交互终端可分为操作模式、待机模式及节电模式。交互终端无论进入哪种显示模式，用户刷卡或者按键时将进入相应的操作。

待机模式显示：在非报警状态下，显示南方电网公司宣传画面和公告；并根据用户需求轮显用户提示信息。

节电模式显示：终端处于节电模式时，关闭液晶显示和液晶背光。节电模式默认时间段为晚上 11 点至第二天早上 8 点，时间段可设。

待机模式下，当有多条系统公告时，按系统设定的间隔时间依次循环显示。系统公告带有时限信息，交互终端只显示当前有效的系统公告。公告轮显时，用户按任意键进入公告功能界面并停止在当前画面。操作模式下，用户停止刷卡或按键 1min 后无任何操作，交互终端自动切换至待机模式。待机和节电模式下交互终端不得影响主站对终端/电能表的数据采集。

（3）本地维护接口。

交互终端应有本地维护 USB 接口，通过维护接口可设置交互终端参数，进行软件升级等。

交互终端具有红外通信接口，通过该通信接口实现对交互终端数据读取和参数设置，通信速率缺省为 1200bit/s。Ⅰ型交互终端通信协议应满足 DL/T 645—2007 协议及其备案文件，Ⅱ型交互终端应满足相应的通信规约，如《中国南方电网公司计量自动化终端上行通信规约》。

（4）本地用户接口。交互终端应具备射频模块，用户将 CPU 卡放置于交互终端卡槽中，可对费控电能表进行充值、查询、复电、参数更新等操作。

2.5.2.8 终端维护功能

（1）软件升级功能。

交互终端可通过现场 USB 接口或远程通信信道实现软件升级，并支持断点续传方式。

交互终端可通过 USB 接口连接 USB 存储设备，从 USB 存储设备读取升级文件，实现软件升级。

交互终端可通过远程通信通道实现软件升级。远程通信升级时，交互终端可分块接收主站下发的升级文件，交互终端应能对文件完整性进行正确判断，待升级文件所有分块全部成功接收后自动进行软件升级。分块传输的升级文件，单一文件分块传输失败，只需重发失败的文件分块，已成功接收的文件分块不需再重新下发交互终端软件升级后，应在无人工干预的情况下，自动恢复正常运行状态。

交互终端进行软件升级时，可暂时中断正在进行的操作，待升级完成后恢复。

交互终端软件升级不应对交互终端内已存储的数据和参数造成影响。

通过 USB 接口或远程通信信道进行升级的升级文件应一致。

（2）终端复位功能。交互终端可通过本地或远程复位操作命令分别对硬件、参数区、数据区进行初始化。

（3）自检自恢复功能。交互终端应具备自测试、自诊断功能，在交互终端出现死机、模块工作异常但没有损坏情况下，交互终端要求在 3 倍启动时间内检测发现该故障并完成自恢复。

2.5.2.9 扩展功能

Ⅰ型和Ⅱ型交互终端应按照相应的技术规范实现采集器的全部功能，如《中国南方电网有限责任公司低压电力用户集中抄表系统采集器技术规范》。

2.5.2.10 增值业务功能

交互终端可通过文本或图像等方式显示公众信息，公众信息包括电网公司政策、企业形象宣传、公告及广告等内容。文本和图像可以通过主站下发或 USB 接口传递，交互终端接收并更新，根据下发指令进行显示。

交互终端应可支持文本信息最多 100 条信息的显示，每条信息最多支持 225 字节，一屏无法完整显示的内容，交互终端应支持自动分屏，并保证显示的完整性。

3 电能计量自动化终端检验内容与规范

为了规范电能计量自动化终端检验流程，中国南方电网有限责任公司计量自动化终端系列标准。本系列标准包括《中国南方电网有限责任公司负荷管理终端技术规范》《中国南方电网有限责任公司负荷管理终端检验技术规范》《中国南方电网有限责任公司配变监测计量终端技术规范》《中国南方电网有限责任公司配变监测计量终端检验技术规范》《中国南方电网有限责任公司低压电力用户集中抄表系统集中器技术规范》《中国南方电网有限责任公司低压电力用户集中抄表系统集中器检验技术规范》《中国南网电网有限责任公司低压电力用户集中抄表系统采集器技术规范》《中国南方电网有限责任公司低压电力用户集中抄表系统采集器检验技术规范》《中国南方电网有限责任公司厂站电能量采集终端技术规范》《中国南方电网有限责任公司厂站电能量采集终端检验技术规范》《中国南方电网有限公司计量自动化终端外形结构规范》《中国南方电网有限责任公司计量自动化终端上行通信规约》等 12 个标准。

该系列标准将电能计量自动化终端检验分为全性能试验、到货抽检和到货验收三类。全性能试验指按相关国家标准及行业标准以及本标准的要求，进行电磁兼容、功能、通信、内部结构和元器件等方面的试验。到货抽检指对于到货验收的终端，应按型号、生产批号相同者划分为同一批次提供给质检部门，按相应的规范和建议顺序逐个进行检验。到货验收指抽样验收通过后，按相关国家标准及行业标准的要求，对到货产品进行 100%验收检验。

结果处理：如果该批次终端满足以上验收程序和要求，则该批次通过验收；如该批次未达到以上验收标准，则全部退货；到货验收试验后，对其中不合格的终端应由厂家免费替换。

3.1 全性能试验和出厂检验内容

计量自动化终端检验项目包括全性能试验、出厂检验和到货验收，其中全性能试验和出厂检验包括结构和机械试验、功能试验、气候影响试验、温升试验、绝缘性能试验、电源影响试验和电磁兼容性试验。针对厂站电能量采集终端、负荷管理终端、配变监测终端、采集器、集中器等终端，其检验内容大致相同，具体如下。

3.1.1　厂站电能量采集终端检验内容

3.1.1.1　厂站电能量采集终端的全性能试验

（1）结构和机械试验包括外观结构检查、电气间隙和爬电距离、外壳和端子着火试验、振动试验。

（2）功能试验包括一般功能试验、电能表数据采集试验、数据处理试验、设置和查询试验、事件记录试验、数据通信试验、告警功能试验、本地功能试验、通信协议一致性试验、终端维护试验。

（3）气候影响试验包括高温试验、低温试验、湿热试验、高温通信试验。

（4）绝缘性能试验包括绝缘电阻、绝缘强度、冲击电压。

（5）电源影响试验包括电源电压变化试验、功率消耗试验、数据和时钟保持试验。

（6）电磁兼容性试验包括电压暂降和短时中断试验、工频磁场抗扰度试验、射频电磁场辐射抗扰度试验、射频场感应的传导骚扰抗扰度试验、静电放电抗扰度试验、电快速瞬变脉冲群抗扰度试验、阻尼振荡波抗扰度试验、浪涌抗扰度试验、RS485 防交流 380V 误接试验。

3.1.1.2　厂站电能量采集终端的出厂检验

（1）结构和机械试验只进行外观结构检查。

（2）功能试验包括一般功能试验、电能表数据采集试验、数据处理试验、本地功能试验和终端维护试验。

（3）绝缘性能试验只进行绝缘强度试验。

3.1.1.3　厂站电能量采集终端到货验收

与全性能试验的检验内容相同。

3.1.2　电力负荷管理终端检验内容

3.1.2.1　电力负荷管理终端的全性能试验

（1）结构和机械试验包括外观结构检查、电气间隙和爬电距离、外壳和端子着火试验、振动试验、外壳防护试验。

（2）功能试验包括一般功能试验、准确度试验、数据采集试验、数据处理与存储试验、电能质量数据统计试验、停电统计试验、告警功能试验、负荷控制试验、设置和查询试验、事件记录试验、通信协议一致性试验、本地功能试验、终端维护试验。

（3）气候影响试验包括高温试验、低温试验、湿热试验、高温通信试验、盐雾试验、日光辐射试验。

（4）绝缘性试验包括绝缘电阻、绝缘强度、冲击电压。

（5）电源影响试验包括电源断相试验、电源电压变化试验、功率消耗试验、数据和时钟保持试验、备用电池充放电试验、抗接地故障试验、RS485 防交流 380V 误接试验。

（6）电磁兼容性试验包括电压暂降和短时中断试验、工频磁场抗扰度试验、射频电磁场辐射抗扰度试验、射频场感应的传导骚扰抗扰度试验、静电放电抗扰度试验、电快速瞬变脉冲群抗扰度、阻尼振荡波抗扰度试验、浪涌抗扰度试验。

3.1.2.2 电力负荷管理终端的出厂检验

（1）结构和机械试验只进行外观结构检查。

（2）功能试验包括一般功能试验、准确度试验、数据采集试验、负荷控制试验、设置和查询试验、本地功能试验、终端维护试验。

（3）绝缘性能试验只进行绝缘强度试验。

3.1.2.3 电力负荷管理终端到货验收

与全性能试验的检验内容相同。

3.1.3 配变监测终端内容

3.1.3.1 配变监测终端的全性能试验

（1）结构和机械试验包括外观结构检查、电气间隙和爬电距离、外壳和端子着火试验、振动试验、外壳防护试验。

（2）功能试验包括一般功能试验、准确度试验、数据采集试验、数据处理与存储试验、电能质量数据统计试验、停电统计试验、告警功能试验、设置和查询试验、事件记录试验、通信协议一致性试验、本地功能试验、终端维护试验。

（3）气候影响试验包括高温试验、低温试验、湿热试验、高温通信试验、盐雾试验、日光辐射试验。

（4）绝缘性试验包括绝缘电阻、绝缘强度、冲击电压。

（5）电源影响试验包括电源断相试验、电源电压变化试验、功率消耗试验、数据和时钟保持试验、备用电池充放电试验、抗接地故障试验、RS485 防交流 380V 误接试验。

（6）电磁兼容性试验包括电压暂降和短时中断试验、工频磁场抗扰度试验、射频电磁场辐射抗扰度试验、射频场感应的传导骚扰抗扰度试验、静电放电抗扰度试验、电快速瞬变脉冲群抗扰度试验、阻尼振荡波抗扰度试验、浪涌抗扰度试验。

3.1.3.2 配变监测终端的出厂检验

（1）结构和机械试验只进行外观结构检查。

（2）功能试验包括一般功能试验、准确度试验、数据采集试验、设置和查询试验、本地功能试验、终端维护试验。

（3）绝缘性能试验只进行绝缘强度试验。

3.1.3.3 配变监测终端到货验收

与全性能试验的检验内容相同。

3.1.4 集中器检验内容

3.1.4.1 集中器的全性能试验具体内容包括：

（1）结构和机械试验包括外观结构检查、电气间隙和爬电距离、外壳和端子着火试验、振动试验、外壳防护试验。

（2）功能试验包括一般功能试验、数据采集试验、数据处理试验、设置和查询试验、控制命令试验、停电统计试验、告警功能试验、事件记录试验、通信协议一致性试验、本地功能试验、终端维护试验。

（3）数据采集可靠性试验包括一次抄读成功率试验、电能数据抄读总差错率。

（4）气候影响试验包括高温试验、低温试验、湿热试验、高温通信试验、盐雾试验、日光辐射试验。

（5）绝缘性试验包括绝缘电阻、绝缘强度、冲击电压。

（6）电源影响试验包括电源断相试验、电源电压变化试验、功率消耗试验、数据和时钟保持试验、备用电池充放电试验、抗接地故障试验、RS485 防交流 380V 误接试验。

（7）电磁兼容性试验包括电压暂降和短时中断试验、工频磁场抗扰度试验、射频电磁场辐射抗扰度试验、射频场感应的传导骚扰抗扰度试验、静电放电抗扰度试验、电快速瞬变脉冲群抗扰度试验、阻尼振荡波抗扰度试验、浪涌抗扰度试验。

3.1.4.2 集中器检验内容的出厂检验

包括结构和机械试验、功能试验、绝缘性能试验。各个检验项目具体内容包括：

（1）结构和机械试验只进行外观结构检查。

（2）功能试验包括一般功能试验、准确度试验、设置和查询试验、本地功能试验、终端维护试验。

（3）绝缘性能试验只进行绝缘强度试验。

3.1.4.3 集中器到货验收

与全性能试验的检验内容相同。

3.1.5 采集器检验内容

3.1.5.1 采集器的全性能试验

（1）结构和机械试验包括外观结构检查、电气间隙和爬电距离、外壳和端子着火试验、振动试验、外壳防护试验。

（2）功能试验包括数据采集试验、通信协议一致性试验、本地功能试验。

（3）数据采集可靠性试验包括一次抄读成功率试验、电能数据抄读总差错率。

（4）气候影响试验包括高温试验、低温试验、湿热试验、高温通信试验、盐雾试验、日光辐射试验。

（5）绝缘性试验包括绝缘电阻、绝缘强度、冲击电压。

（6）电源影响试验包括电源电压变化试验、功率消耗试验、RS485 防交流 380V 误接试验。

（7）电磁兼容性试验包括电压暂降和短时中断试验、工频磁场抗扰度试验、射频电磁场辐射抗扰度试验、射频场感应的传导骚扰抗扰度试验、静电放电抗扰度试验、电快速瞬变脉冲群抗扰度试验、阻尼振荡波抗扰度试验、浪涌抗扰度试验。

3.1.5.2 采集器检验内容的出厂检验

包括结构和机械试验、功能试验、绝缘性能试验。各个检验项目具体内容包括：

1）结构和机械试验只进行外观结构检查。

2）功能试验包括数据采集试验、本地功能试验。

3）绝缘性能试验只进行绝缘强度试验。

3.1.5.3 采集器到货验收

与全性能试验的检验内容相同。

3.2 全性能试验和出厂检验规范

3.2.1 结构和机械试验

3.2.1.1 外观结构检查

终端不应有明显的凹凸痕、划伤、裂缝和毛刺，镀层不应脱落，颜色均匀，标牌文字、符号应清晰、耐久，接线应牢固。终端外观、结构、颜色、尺寸应中国南方电网有限责任公司计量自动化终端系列标准。其中，厂站电能量采集终端外观结构满足 Q/CSG 11109001—2013《中国南方电网有限责任公司厂站电能量采集终端技术规范》负荷管理终端、配变监测终端、采集器、集中器外观结构满足 Q/CSG 11109006—2013《中国南方电网有限责任公司计量自动化终端外形结构规范》。

3.2.1.2 电气间隙和爬电距离

按 GB/T 16935.1—2008《低压系统内设备的绝缘配合　第 1 部分：原理、要求和试验》中第 4 节规定的测量方法用卡尺测量端子的电气间隙和爬电距离。

3.2.1.3 外壳和端子着火试验

有非金属外壳和有端子排（座）及相关连接件的模拟样机按 GB/T 5169.11—2006《电工电子产品着火危险试验　第 11 部分：灼热丝/热丝基本试验方法　成品的灼热丝可燃性试验方法》规定的方法进行试验，模拟样机使用的材料应与被试终端的材料相同。端子排（座）的热丝试验温度为：960℃±15℃，外壳的热丝试验温度为：650℃±10℃，试验时间为 30s。在施加灼热丝期间和在其后的 30s 内，观察样品的试验端子以及端子周围，试验样品应无火焰或不灼热；或样品在施加灼热丝期间产生火焰或灼热，但应在灼热丝移去后 30s 内熄灭。

3.2.1.4 振动试验

被试终端不包装、不通电，固定在试验台中央。试验按 GB/T 2423.10—2008《电工电子产品环境试验　第 2 部分：试验 FC：振动（正弦）》的规定进行。

频率范围：10Hz～150Hz；

位移幅值：0.075mm（频率范围≤60Hz）；

加速度幅值：10m/s^2（频率范围＞60Hz）；

每轴线扫频周期数：20。

试验后检查被试设备应无损坏和紧固件松动脱落现象，功能和性能应满足相关要求。

3.2.1.5 外壳防护试验

终端外壳的防护性能应符合 IP51 级要求，即防尘和防滴水。试验方案按照 GB/T 4208—2008《外壳防护等级（IP 代码）》中 14.2.1 进行。

3.2.2 功能试验

3.2.2.1 准确度试验

厂站电能量采集终端、集中器和采集器无准确度试验，电力负荷管理终端和配变监测终端需要进行准确度试验，包括基本误差试验、起动试验和潜动试验。

3.2.2.2 数据采集试验

电能计量自动化终端应能正确采集计量自动化终端系列标准中规定的数据项。

3.2.2.3 数据处理试验

（1）实时和历史数据存储试验。测试主机分别发出实时数据和历史数据查询命令，经过适当延迟后，测试主机显示接收到的数据项目应符合电能计量自动化终端系列标准的规定。

（2）在事件记录试验时进行电能表运行状况监测试验。

3.2.2.4 设置和查询试验

（1）时钟对时和走时误差试验。测试主机发出对时命令，终端的时钟显示应符合电能计量自动化终端系列标准的规定。用标准秒表作为基准，记录终端时钟与基准的初始差值 S_1，24h 后再次记录终端时钟与基准的初始差值 S_2，$|S_2-S_1|$ 的结果应小于 1s。

（2）参数设置和查询试验。按电能计量自动化终端相关规范的要求，用测试主机向被试终端设置各项参数，终端显示的参数以及主机召测到的参数应与设置参数值一致。

3.2.2.5 控制命令试验

当终端收到主站发起的对电能表远程控制命令后，首先应比对终端的时钟，若在命令时间±有效时间的范围内，则执行命令，否则返回异常。在执行命令时，如果目标电能表具备拉合闸功能，终端应立即向主站正常应答，而不必考虑受控电能表是否已经真正动作。在控制生效时间内，终端将下发相应的拉合闸控制命令给目标电能表，并检索目标电能表的继电器状态，如果在生效时间内，控制执行结果成功，则主动向主站上报“继电器变位”告警。如果确定控制执行结果没有成功，则主动向主站上报“电能表拉合闸失败”告警。

3.2.2.6 停电统计试验

被试终端按电能计量自动化终端系列标准的规定进行停电数据统计试验。

3.2.2.7 告警功能试验

被试终端按电能计量自动化终端系列标准的规定进行告警功能试验。

3.2.2.8 事件记录试验

用测试主机对终端设置重要事件和一般事件属性，设置终端参数、停/上电及其他异常情况，终端记录所发生事件，测试主机查询终端事件记录或等待终端主动上报事件，测试主机显示的记录应符合电能计量自动化终端系列标准的规定。

3.2.2.9 通信协议一致性试验

按电能计量自动化终端相关规范的要求，分别进行集中器与采集器的通信协议一致性试验。

3.2.2.10 本地功能试验

（1）本地状态指示试验。观察终端信号灯应能正确显示终端电源、通信、抄表等状态。

（2）本地维护接口试验。通过计算机或其他设置工具连接终端维护接口，终端应能正确设置终端参数。

（3）本地菜单显示试验。观察终端显示屏应符合电能计量自动化终端系列标准的规定。

3.2.2.11 终端维护试验

根据电能计量自动化终端系列标准的规定，检查终端的终端启动、自检自恢复、终端初始化、软件远程下载、远程参数维护、断点续传、终端版本信息和数据备份（该功能选配）等各项维护功能。

3.2.3 集中器采集器数据采集可靠性试验

3.2.3.1 一次抄读成功率试验

此项试验与电能读数准确度试验同时进行，测试机软件应将每次自动抄收的各电能表的电能读数按时间顺序储存在一个打印文件中。

为缩短时间，自动抄收间隔设为 30min 或 60min，共计进行不少于 400 次抄读后，打印出测试机内保存的打印数据。

统计系统一次抄读成功率。其中，一次抄读成功是指所有电能表的电能读数全部抄读成功，若有一个电能表的电能读数没有抄读到或数据不正确，则认为这次抄读失败。

3.2.3.2 电能数据抄读总差错率

此项试验与一次抄读成功率试验同时进行，检查打印数据中不满足电能读数准确度要求的数据个数，总差错率都应为零。

3.2.4 气候影响试验

在电能计量自动化终端规定的 CX 级温湿度环境下，终端功能和性能应符合电能计量自动化终端系列标准的规定。

3.2.4.1 高温试验

按 GB/T 2423.1-2008《电工电子产品环境试验　第 2 部分：试验方法 试验 B：高温》规定，将被试终端在非通电状态下放入高温试验箱中央，升温至电能计量自动化终端相关规范规定的最高温度，保温 72h 后恢复至 23℃，然后通电 0.5h，功能和性能应符合电能计量自动化终端系列标准的规定。

3.2.4.2 低温试验

按 GB/T 2423.1—2001《电工电子产品环境试验　第 2 部分：试验方法 试验 A：低温》规定，将被试终端在非通电状态下放入低温试验箱的中央，降温至电能计量自动化终端相关规范规定的最低温度，保温 72h 后恢复至 23℃，然后通电 0.5h，功能和性能应符合电能计量自动化终端系列标准的规定。

3.2.4.3 湿热试验

按 GB/T 2423.4—2008《电工电子产品基本环境试验规程　试验 Db：交变湿热试验方法》规定进行试验。电压线路施加参比电压，变化型式为 1，上限温度为 55℃±2℃，在不采取特殊措施排除表面潮气条件下，试验 6 个周期。试验结束前 0.5h，在湿热条件下测绝缘电阻应不低于 2MΩ。试验结束后，在大气条件下恢复 1h～2h，功能和性能应符合电能计量自动化终端系列标准的规定；检查终端金属部分应无腐蚀和生锈情况。

3.2.4.4 高温通信试验

按 GB/T 2423.2—2008《电工电子产品环境试验　第 2 部分：试验方法 试验 B：高温》规定，将被试终端在通电状态下放入高温试验箱中央，升温至电能计量自动化终端相关规范规定的最高温度，保温 24h，上行通信功能应正常，应符合电能计量自动化终端相关规范的规定。

3.2.4.5 盐雾试验

按 GB/T 2423.17—2008《电工电子产品环境试验　第 2 部分：试验方法 试验 K_a：盐雾》规定进行试验。将被试终端在非通电状态下放入盐雾箱，保持温度为 35℃±2℃，相对湿度大于 85%，盐溶液采用高品质氯化钠溶液，浓度为 5%±1%。喷雾 16h 后在大气条件下恢复 1h～2h。试验后检查终端金属部分应无腐蚀和生锈情况，功能应符合电能计量自动化终端相关规范的规定。

3.2.4.6 日光辐射试验

按 GB/T 2423.24—2008《电工电子产品环境试验　第 2 部分：试验方法 试验 S_a：模拟地面上的太阳辐射试验》规定的试验程序 A 进行试验。照射期间，试验箱内上限温度为 55℃±2℃，被试终端处于通电状态下，进行 3 个循环试验。试验中和试验后终端功能应符合电能计量自动化终端系列标准的规定。

3.2.5 温升试验

在额定工作条件下，电路和绝缘体不应达到可能影响仪表正常工作的温度。

终端每相电压线路（以及那些通电周期比其热时间常数长的辅助电压线路）加载1.2倍参比电压，外表面的温升在环境温度为40℃时应不超过25K。

在2h的试验期间，终端不应受到风吹或直接的阳光照射。

试验后，终端应不受损坏并满足电能计量自动化终端系列标准的规定的绝缘性能试验。

3.2.6 绝缘性能试验

3.2.6.1 试验要求

进行各项绝缘性能试验前，应对终端功能进行自检，所有功能和显示应正常。

绝缘试验时终端应盖好外壳和端子盖板。如外壳和端子盖板由绝缘材料制成，应在其外覆盖导电箔，导电箔与接地端子相连，导电箔应距接线端子及其穿线孔2cm。试验时，不进行试验的电气回路应短路并接地。进行交流电压和冲击耐压试验时，不应发生闪络、破坏性放电和击穿，试验后，功能和性能应符合电能计量自动化终端相关规范的规定。

3.2.6.2 绝缘电阻

绝缘电阻要求如表3-1所示，在正常试验条件和湿热试验条件下，按表3-1的测试电压在终端的端子处测量各电气回路对地和各电气回路间的绝缘电阻，其值应符合表3-1的规定。例如，当终端端子处各电气回路对地和各电气回路间的额定绝缘电压在60V以下时，测试电压为250V，要求终端端子处各电气回路对地和各电气回路间在正常条件和湿热条件下的绝缘电阻不小于10MΩ和2MΩ。

表3-1　绝缘电阻要求

额定绝缘电压（V）	绝缘电阻MΩ		测试电压（V）
	正常条件	湿热条件	
$U \leqslant 60$	≥10	≥2	250
$60 < U \leqslant 250$	≥10	≥2	500
$U > 250$	≥10	≥2	1000

注　与二次设备及外部回路直接连接的接口回路采用$U > 250$V的要求。

3.2.6.3 绝缘强度

用50Hz正弦波电压对以下回路进行试验，施加如表3-2规定的试验电压，时间1min，泄漏电流应不大于5mA。被试回路为：

电源回路对地；

RS485接口与电源端子间。

表3-2　试验电压要求　（V）

额定绝缘电压	试验电压有效值	额定绝缘电压	试验电压有效值
$U \leqslant 60$	500	$125 < U \leqslant 250$	2000
$60 < U \leqslant 125$	1500	$250 < U \leqslant 400$	2500

注　RS485接口与电源回路间试验电压不低于4000V。

3.2.6.4 冲击电压

冲击电压的要求：

脉冲波形应采用标准 1.2/50μs 脉冲波；

电源阻抗为 500±50Ω；

电源能量为 0.5±0.05J；

每次试验分别在正、负极性下施加 5 次，两个脉冲之间最少间隔 3s，试验电压要求按表 3-3 规定。

被试回路为：电源回路对地和 RS485 接口与电源端子间。

表 3-3　　试验电压要求　　(V)

额定绝缘电压	试验电压有效值	额定绝缘电压	试验电压有效值
$U\leqslant 60$	2000	$125<U\leqslant 250$	5000
$60<U\leqslant 125$	5000	$250<U\leqslant 400$	6000

3.2.7 电源影响试验

3.2.7.1 电源断相试验

按电能计量自动化终端相关规范要求进行电源断相试验，试验时终端应正常工作，功能和性能应符合电能计量自动化终端系列标准的规定。

3.2.7.2 电源电压变化试验

将电源电压变化到电能计量自动化终端系列标准的规定的极限值时，被试终端应能正常工作，功能和性能应符合电能计量自动化终端系列标准的规定。

3.2.7.3 功率消耗试验

在终端非通信状态下，可用准确度不低于 0.2 级的三相标准表或其他合适方式测量，整机有功功耗和视在功耗值应符合电能计量自动化终端系列标准的规定。

3.2.7.4 数据和时钟保持试验

记录终端中已有的各项数据和时钟显示，然后断开供电电源 72h 后，再合上电源，检查各项数据应无改变和丢失；与标准时钟源对比，时钟走时应准确。

3.2.7.5 备用电池充放电试验

备用电池额定电压、尺寸大小、额定容量符合电能计量自动化终端系列标准的规定。

电池进行试验的充电电流和放电电流应以额定容量（C_5Ah）为基准，试验电流以 I_t 的倍数表示，$I_t=(C_5\text{Ah})/1\text{h}$，试验环境温度 20℃±5℃。除另有规定外，在所有试验中不应出现泄液现象。

充电性能满足以下试验要求：

充电前，电池以恒流 0.2I_t 放电至终止电压 4.0V，再以恒电流 0.1I_t 充电 16h。

充电后，放置 1h～4h，放电持续时间应不少于表 3-4 的规定。

表 3-4　　圆柱形电池 20℃放电持续时间

放电条件		最短持续放电时间
放电电流（A）	终止电压（V）	
$0.2I_t$[a]	4.0	5h
I_t	3.6	42min
a：该项试验允许进行 5 次循环，当任一次循环结束满足要求时，可停止试验		

过充电性能满足以下试验要求：

充电前，电池以恒流 $0.2I_t$ 放电至终止电压 4.0V，再以 $0.1I_t$ 恒流充电 48h。

充电后，电池在相同环境温度下搁置 1h～4h。然后，电池在 20℃±5℃条件下以恒流 $0.2I_t$A 放电至终止电压 4.0V，放电持续时间不少于 5h。

充电试验过程中电池应不漏液、不变形、不冒烟和不爆炸。

3.2.7.6　抗接地故障能力试验

三相供电的终端由三相四线试验电源供电，终端应工作正常。然后，将终端电源的中性端与三相四线试验电源的中性端断开，并与试验电源的模拟接地故障相连接，三相四线试验电源的另外两相电压升至 1.1 倍的标称电压。

试验时间每相 4h。试验后，终端不应出现损坏，保存数据应无改变，功能和性能应符合电能计量自动化终端系列标准的规定。

3.2.7.7　RS485 防交流 380V 误接试验

被试终端上电且 RS485 接口处于非工作状态，RS485 接口的 A、B 端子间接入交流 380V 的电压，历时 5min。试验后，RS485 接口应能正常通信，数据采集功能应符合电能计量自动化终端系列标准的规定。

3.2.8　电磁兼容性试验

3.2.8.1　一般要求

终端正常工作状态是指终端在外接电能表，并与测试主机建立正常通信，功能和性能都正常的工作状态。

3.2.8.2　试验结果的评价

除非特别说明，试验结果应依据终端在试验中的功能丧失或性能降低现象进行分类，电磁兼容性试验结果评价等级见表 3-5。

表 3-5　　电磁兼容性试验结果评价等级

试验项目	试验结果评价	
	试验时	试验后
电压暂降和短时中断	无	A
工频磁场抗扰度	A	A
射频电磁场辐射抗扰度	A	A

续表

试验项目	试验结果评价	
	试验时	试验后
射频场感应的传导骚扰	A	A
静电放电抗扰度	A/B	A
电快速瞬变脉冲群抗扰度	A/B	A
阻尼振荡波抗扰度	A/B	A
浪涌抗扰度	A/B	A

A 级：试验时和试验后终端均能正常工作，不应有任何误动作、损坏、死机、复位现象，数据采集应准确。

B 级：试验时终端可出现短时（原则上不应超过 5min）通信中断和液晶瞬时闪屏，其他功能和性能都应正常，试验后无需人工干预，终端应可以自行恢复。

3.2.8.3 电压暂降和短时中断试验

终端在通电状态下，按 GB/T 17626.11—2008《电压暂降、短时中断和电压变化抗扰度试验》的规定，并在下述条件下进行试验：

（1）电压试验等级 40%U_T。

从额定电压暂降 60%；

持续时间：1min，3000 个周期；

降落次数：1 次。

（2）电压试验等级 0% U_T。

从额定电压暂降 100%；

持续时间：1s，50 个周期；

中断次数：3 次，各次中断之间的恢复时间 10s。

（3）电压试验等级 0% U_T。

从额定电压暂降 100%；

中断时间：20ms，1 个周期；

中断次数：1 次。

以上电源电压的突变发生在电压过零处。

试验时终端不应发生损坏、错误动作或死机现象。试验后终端工作正常，存储数据无改变，功能和性能应符合电能计量自动化终端相关规范的规定。

3.2.8.4 工频磁场抗扰度试验

将终端置于与系统电源电压相同频率的随时间正弦变化的、强度为 400A/m 的稳定持续磁场的线圈中心，终端能正常工作，功能和性能应符合电能计量自动化终端相关规范的规定。

3.2.8.5 射频电磁场辐射抗扰度试验

终端在正常工作状态下，按 GB/T 17626.3—2006《射频电磁场辐射抗扰度试验》的规定，并在下述条件下进行试验：

（1）一般试验等级。

频率范围：80MHz～1000MHz；

严酷等级：3；

试验场强：10V/m（非调制）；

正弦波 1kHz，80%幅度调制。

（2）抵抗数字无线电话射频辐射的试验等级。

频率范围：800MHz～960MHz 以及 1.4GHz～2GHz；

严酷等级：4；

试验场强：30V/m（非调制）；

正弦波 1kHz，80%幅度调制。

试验时终端应能正常工作，功能和性能应符合电能计量自动化终端系列标准。

3.2.8.6　射频场感应的传导骚扰抗扰度试验

终端在正常工作状态下，按 GB/T 17626.6—2008《射频场感应的传导骚扰抗扰度》的规定，并在下述条件下进行试验：

频率范围：150kHz～80MHz；

严酷等级：3；

试验电平：10V（非调制）；

正弦波 1kHz，80%幅度调制。

试验电压施加于终端的供电电源端和保护接地端，试验时终端应能正常工作，功能和性能应符合电能计量自动化终端系列标准的规定。

3.2.8.7　静电放电抗扰度试验

终端在正常工作状态下，按 GB/T 17626.2—2006《静电放电抗扰度试验》的规定，并在下述条件下进行试验：

严酷等级：4；

试验电压：8kV（接触放电）、15kV（空气放电）；

直接放电。施加部位：在操作人员正常使用时可能触及的外壳和操作部分，包括 RS485 接口；

间接放电。施加部位：终端各个侧面；

每个敏感试验点放电次数：正负极性各 10 次，每次放电间隔至少为 1s。

如终端的外壳为金属材料，则直接放电采用接触放电；如终端的外壳为绝缘材料，则直接放电采用空气放电。

试验时终端允许出现短时通信中断和液晶瞬时闪屏，其他功能和性能应正常，试验后终端应能正常工作，存储数据无改变，功能和性能应符合电能计量自动化终端系列标准。

3.2.8.8　电快速瞬变脉冲群抗扰度试验

按 GB/T 17626.4—2008《电快速瞬变脉冲群抗扰度试验》的规定，并在下述条件下进行试验：

(1) 终端在工作状态下，试验电压施加于终端的供电电源端和保护接地端。

严酷等级：4；

试验电压：±4kV；

重复频率：5kHz 或 100kHz；

试验时间：1min/次；

施加试验电压次数：正负极性各 5 次。

(2) 终端在正常工作状态下，用电容耦合夹将试验电压耦合至通信线路（包括 RS485）上。

严酷等级：3；

试验电压：±1kV；

重复频率：5kHz 或 100kHz；

试验时间：1min/次；

施加试验电压次数：正负极性各 5 次。

在对各回路进行试验时，允许出现短时通信中断和液晶瞬时闪屏，其他功能和性能应正常，试验后终端应能正常工作，功能和性能应符合电能计量自动化终端相关规范的规定。

3.2.8.9 阻尼振荡波抗扰度试验

终端在正常工作状态下，按 GB/T 17626.12—1998《阻尼振荡波抗扰度试验》的规定，并在下述条件下进行试验：

电压上升时间（第一峰）：75ns±20%；

振荡频率：1MHz±10%；

重复率：至少 400/s；

衰减：第三周期和第六周期之间减至峰值的 50%；

脉冲持续时间：不小于 2s；

输出阻抗：200Ω±20%；

电压峰值：共模方式 2.5kV、差模方式 1.25kV（电源回路），共模方式 1kV（状态量输入）、控制输出各端口以及交流电压、电流输入回路；

试验次数：正负极性各 3 次；

测试时间：60s；

在对各回路进行试验时，可以出现短时通信中断和液晶瞬时闪屏，其他功能和性能应正常，试验后终端应能正常工作，功能和性能应符合电能计量自动化终端系列标准的规定。

3.2.8.10 浪涌抗扰度试验

终端在正常工作状态下，按 GB/T 17626.5—2008《浪涌（冲击）抗扰度试验》的规定，并在下述条件下进行试验：

严酷等级：电源回路 4 级，大于 60V 控制输出回路 3 级，状态量输入回路和控制输出回路（≤60V）2 级，电源回路对 RS485 回路 4 级；

试验电压：电源电压两端口之间电压为 2kV，电源电压、交流采样各端口与地之间电压为 4kV，状态量输入电压和≤60V，控制输出各端口与地之间电压为 1kV，大于 60V 的控制输出各端口与地之间电压为 2kV；

波形：1.2/50μs，其中 1.2μs 指的是该电压波形的波头时间，50μs 指的是该电压波形的半波时间；

极性：正、负；

试验次数：正负极性各 5 次；

重复率：1min/次。

在对各回路进行试验时，可以出现短时通信中断和液晶瞬时闪屏，其他功能和性能应正常，试验后终端应能正常工作，功能和性能应符合电能计量自动化终端系列标准的规定。

3.3 常见的问题及解决方法

1. 终端不能采集数据

影响终端与电表的 RS485 通信的常见因素：

1）硬件因素：终端 RS485 口故障、无电压或电压低；电表 RS485 口故障、无电压或电压低；通信线断线或水晶头压接不良。

2）人为因素：终端或电表的 RS485 口端口接错位或接反；通信线极性接反。

3）参数设置因素：终端 RS485 通道号设置错误；终端测量点参数设置错误：包括测量点有效标志、电表通信规约、电表通信波特率、电表通信地址、数据位、停止位、效验位等。

故障处理步骤包括：

1）检查终端的计量点参数：检查自动化终端里相对应的电表参数（表地址、波特率、规约、数据位、停止位、校验位等）和现场电表参数是否一致。

2）检查电表与终端 RS485 功能：首先，用万用表直流电压档测量电表（终端）RS485 口有没有电压。RS485 口输出一般在 1.5V～4.5V 之间，如果测量没有电压或电压有异常，则可以初步判定为电表（终端）RS485 口有问题；再通过电表厂家提供的读表软件或通过掌机在电表 RS485 口读取电表的数据，如果可以读到电能表的数据，则证明电表的 RS485 口没有问题，进而表明终端 RS485 口有问题。

2. 终端不能上线

按终端通信通道类型可分为终端不能通过电话通道（PSTN）上线和终端不能通过无线网络上线。

对于终端不能通过电话通道（PSTN）上线的故障检测应通过以下三个步骤：①检查通信参数设置是否正确；②检查电话通道是否正常，用万用表直流档测量电话通道的电压是否在 45V～52V 内，或接上电话机检查是否能打进打出与通话质量；③检查防雷器是否正常，用万用表直流档测量经防雷器的电话通道的电压是否在45V～52V内。

对于终端不能通过无线网络上线的故障有以下几个原因：①安装原因：SIM（UIM）卡接触不好；天线松动、安装不到位或损坏；②无线运营商原因：信号未覆盖或信号较弱、SIM（UIM）卡损坏、故障或后台档案问题等；③参数设置原因：主站通道与通信参数设置问题、登录模式问题（UDP与TCP）、终端逻辑地址设置错误。故障处理方法包括：①检查终端通信参数；②检查终端通信模块；③检查SIM卡，SIM卡是否接触不良，是否氧化；④检查现场无线信号，信号较差，需更换外置天线，移动外置天线位置。

3. 终端黑屏或白屏

对于该种故障，应首先测量外接交流和直流电压有没有接入到装置。如果接入，便能初步判断为装置本体的故障。

4. 厂站终端中电能表参数设置与实际情况不相符

在现场观察采集终端RS485接口上的收/发数据指示灯是否交替闪烁来进行判别：如果发送灯未闪烁，接收灯不亮，则说明终端未进行抄表，应再次检查确认电表地址及通信规约；如果发送灯闪烁而接收灯未闪烁，则表示终端发出了抄表命令而电能表未响应，则应进行电表及接口电路方面的检查。

4 电能计量自动化终端自动检测技术

按照电能计量相关规程及管理规定，每一批终端到货后，计量部门都需对其进行验收和检测，检测合格后方可安装使用。电能计量自动化终端自动检测内容包括准确度试验、耐压试验、外观检测、合格证验证、封印二维码验证和通信可靠性测试。各项试验内容涉及的关键技术阐述如下。

4.1 准确度试验技术

4.1.1 准确度试验基本概念

计量自动化终端的准确度试验包括：基本误差试验、起动试验和潜动试验。基本误差试验要求满足南方电网公司电能计量自动化终端系列标准，并且用标准检测测试装置进行功能试验。

基本误差应满足表 4-1 的要求。为了保证测试数据的稳定性，每一个测量点的误差测试时间不得少于 10s。

表 4-1　平衡负载时终端的误差要求（电压$=U_n$）

类别	电流范围	功率因数	误差限（%）		
			0.5S 级	1 级	2 级
经电流互感器接入式	$0.01I_n \leqslant I < 0.05I_n$	1	±0.7	±1.0	/
	$0.05I_n \leqslant I \leqslant I_{max}$	1	±0.35	±0.6	/
	$0.02I_n \leqslant I < 0.1I_n$	0.5L、0.8C	±0.7	±1.0	/
	$0.1I_n \leqslant I \leqslant I_{max}$	0.5L、0.8C	±0.35	±0.6	/
直接接入式	$0.03I_b \leqslant I < 0.1I_b$	1	/	±1.0	±2.0
	$0.1I_b \leqslant I \leqslant I_{max}$	1	/	±0.6	±1.2
	$I_{max} < I \leqslant 9I_b$（100A）	1	/	±1.0	±2.0
	$0.05I_b \leqslant I < 0.1I_b$	0.5L、0.8C	/	±1.0	±2.0
	$0.1I_b \leqslant I \leqslant I_{max}$	0.5L、0.8C	/	±0.6	±1.2
	$I_{max} < I \leqslant 9I_b$（100A）	0.5L、0.8C	/	±1.0	±2.0
备注	I_n：指电流互感器的二次额定电流；I_b：指终端的标定电流； 括号内的数值适用于额定电流为 20（80）A 的终端。				

起动试验指在额定电压、额定频率和 $\cos\varphi=1.0$ 的条件下，起动电流满足南方电网公司电能计量自动化终端系列标准，终端应有脉冲输出或代表电能输出的指示灯闪烁，起动时间不超过下述公式计算结果要求。

起动规定时间：

$$t_Q = 1.2 \times \frac{60 \times 1000}{CP_Q} \text{min} \tag{4-1}$$

式中：C 为脉冲常数，imp/kWh；P_Q 为起动功率，W。

潜动试验分为以下两种：

（1）经互感器接入式终端。

试验时，电流线路通入 0.2 倍起动电流的防潜电流，满足电能计量自动化终端系列标准，电压线路加 115%的参比电压，在 5 倍的起动时间内电能表输出不应多于一个脉冲。

（2）直接接入式终端。

试验时，电流线路开路，电压线路加 115%的参比电压，在最短试验时间 Δt 内电能表输出不应多于一个脉冲。

对 1 级终端：$\Delta t \geqslant \frac{600 \times 10^6}{kmU_n I_{max}} \text{min}$ （4-2）

对 2 级终端：$\Delta t \geqslant \frac{480 \times 10^6}{kmU_n I_{max}} \text{min}$ （4-3）

式中：k 为终端常数，imp/kWh；m 为测量元件数；U_n 为参比电压（V）；I_{max}为电流最大值，A。

4.1.2 检测数据处理方法

准确度试验需要使用标准计量终端（简称标准表）和计量终端检定装置。检定装置向被检表和标准表提供稳定功率，并采集被检表和标准表的输出脉冲进行处理。对于校准过程中获得的测量数据首先应剔除异常值，异常值是指在对被测量的一系列观测值中，明显超出规定条件下预期值范围的个别值。产生异常值的原因一般是由于疏忽、失误或突发原因造成的，如读错记错、仪器指示值突然跳动、突然震动、操作失误等。判别异常值一般有物理判别法和统计判别法。物理判别法是在测量过程中出现异常现象或发现因疏忽、失误造成的可疑数据，应该当时就剔除，但要在原始数据上注明剔除的原因。不能明确说明客观原因时，不要凭主观随意剔除。对异常值不能随意剔除，而是计入测量结果之内，在记录上作显著标注。统计判别法有多种，基本方法是给定一个置信水平，找出相应的区间，凡在这个区间以外的数据就判为异常值，并予以剔除。统计判别法一般有拉依达准则（PyaiTa Crtierion）、肖维纳准则（Chauvenet Criterion）、格拉布斯准则（Grubbs Crtierion）以及狄克逊准则（Dixon Crtierion）等。

1. 拉依达准则

又称为 3δ 准则，是一种最常用、最简单的准则。一般情况下，对于一组样本数据，如果样本数据中存在随机误差，则根据随机误差的正态分布规律，其偏差落在±3δ 以内的概率为 99.7%。所以在有限的样本中若发现有偏差大于±3δ 的数值，则可以认为它是异常数据而予以剔除。

2. 肖维纳准则

对被测量进行独立重复测量 n 次，计算出平均值和均方差，当可疑值的残差满足下式（4-4），则为异常值，应予以剔除。

$$|V_d| = |x_d - \bar{x}| > Z_c\delta \tag{4-4}$$

式中：δ 为均方差；$\bar{x}$ 为平均值；Z_c 是一个与测量次数有关的常数，可查肖维纳系数表得到，肖维纳准则适用于重复测量次数较多的情况。

3. 格拉布斯准则

对被测量进行独立重复测量 n 次，计算出平均值和实验室标准偏差，当可疑值的残差满足式（4-5），则为异常值，应予以剔除。

$$|V_d| = |x_d - \bar{x}| > gs(x) \tag{4-5}$$

式中：$s(x)$ 为实验室标准偏差；$\bar{x}$ 为平均值；g 为常数，可查格拉布斯表得到。对于测量次数 $n=3\sim5$ 的测量，格拉布斯准则理论较严密，概率意义明确，实践证明是一种比较切合测量实际的判别异常值的方法。

4. 狄克逊准则

狄克逊准则是直接根据测得值的顺序统计量，采用极差比的方法判断可疑数据是否为异常值，避免了数据列的算术平均值、残余误差和标准差的反复计算。n 个重复测量值从小到大排列为 x_1，x_2，…，x_n，剔除 x_n 的判别准则分别为：

$$f_{01} = \frac{x_n - x_{n-1}}{x_n - x_1} > f(\alpha, n) \tag{4-6}$$

或者

$$f_{0n} = \frac{x_2 - x_1}{x_n - x_1} > f(\alpha, n) \tag{4-7}$$

式中：$f(\alpha,\ n)$ 为狄克逊常数，可以查表得到；α 为不可信概率。如果式（4-6）或者式（4-7）成立，则可以判断 x_n 为异常数据，应该予以剔除。

在对测量数据剔除了异常值后应判断是否存在系统误差，如果存在则进行修正，剩下的便是随机误差。就随机误差的个体而言，其大小和方向都无法预测，但就随机误差的总体而言，则具有统计规律性，例如随机误差的正态分布规律，均匀分布规律、反正弦分布规律、三角形分布规律等。虽然随机误差不可能完全消除，但可通过适当的测量方法和数据处理加以削弱。削弱随机误差的常用方法有叠加平均法、数据平滑法和滤波法等。

测量数据经过处理后给出校准结果及测量不确定度，测量过程中的测量设备、测量方法、被测对象、环境、人员等所有的不确定度因素形成测量结果的若干不确定度分量。测量不确定度是目前对于误差分析中的最新理解和阐述，以前称为测量误差，现在更准确地定义为测量不确定度，是指测量获得的结果的不确定的程度。

不确定度分量分为两大类：用统计方法评定的不确定度称为 A 类评定不确定度；用非统计方法评定的不确定度称为 B 类评定不确定度。A 类评定不确定度分量由重复观测列计算得到，其概率分布通常服从正态分布。B 类评定不确定度分量的估计方差是根据被测量的有关信息评定。B类评定信息的来源有：历史观测数据、有关技术资料和测量仪器特性的了解程度和使用经验、制造厂商提供的技术文件、检定证书/报告或其他文件提供的数据、准确度的等级或级别，其中准确度的等级或级别来源包括目前暂在使用中的极限误差、手册或资料给出的参考数据及其不确定度和国家标准或类似技术文件中给出的规定的实验方法的重复性限等。

由于A类和B类不确定度只是表示两种不同的评定方法，都是基于概率分布，并都用方差或标准差表征，因此它们不存在本质上的区别。但是通常A类评定比B类评定更为客观，并具有统计学的严密性，原则上所有不确定度分量都可用A类评定，但是，这可能会增加很大的工作量。确定了各个标准不确定度分量之后，可采用方差协方差法、均方根法或线性求和法进行合成，给出合成标准不确定度。

4.2 耐压试验技术

4.2.1 耐压试验基本概念

耐压试验（又称抗电强度试验）是在一定条件下对被试件施加相关标准中规定的电压，以其是否击穿来判定被试件是否符合南方电网公司电能计量自动化终端系列标准，耐压试验是对被试件进行绝缘强度检查的常规项目，主要是检查产品的绝缘材料和绝缘间隙（即材料、设计工艺、装配工艺等）是否合乎要求耐压，试验的结果只说明被试件是否能承受规定的电压，在合格的情况下一般不会对被试件造成不可修复的损坏，耐压试验是评价被试件防触电和防起火能力的重要手段，是安全试验的基本项目之一。

耐压试验前必须先要保证被试计量自动化终端外部干净以及将不必要的接线等进行拆除。若发现计量自动化终端外部绝缘情况不良（如受潮和局部缺陷等），通常应进行处理后再做耐压试验，避免造成不应有的绝缘击穿。耐压试验有助于生产厂商在设计制造中严格控制工艺流程，保障计量自动化终端质量，同时有助于计量部门加强对计量自动化终端的有效监督。

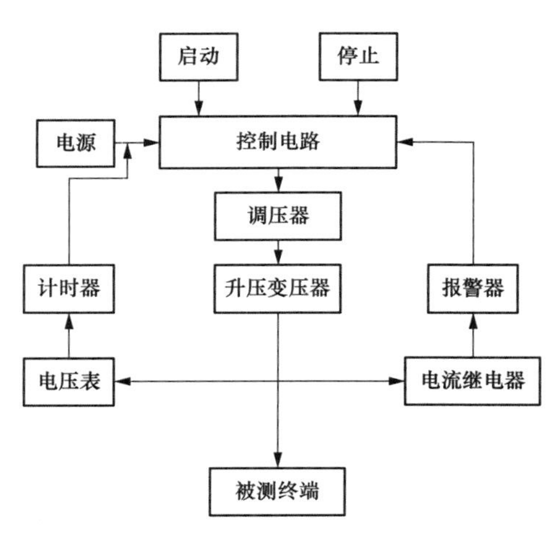

图 4-1　耐压试验装置基本组成结构

4.2.2 耐压试验技术

耐压试验装置的基本组成结构如图4-1所示，装置采用调压器和升压变压器产生试验高电压，指针式电压表或数字电压表显示试验电压值，过电流继电器对试验全过程进行自动监测。若泄漏电流超过整定值5mA，则自动切断高压输出，并有指示灯和报警器同时进行“超漏”报警，持续时间用时间继电器来设置和控制。

冲击电压要求：

脉冲波形：标准 1.2/50μs 脉冲波，其中 1.2μs 指的是该电压波形的波头时间，50μs 指的是该电压波形的半波时间；

电源阻抗：500±50Ω；

电源能量：0.5±0.05J；

每次试验分别在正、负极性下施加 5 次，两个脉冲之间最少间隔 3s，试验电压按表规定。

被试回路为：电源回路对地；遥信输入、门接点输入回路与电源端子间；遥控输出回路与电源端子间；RS485 接口与电源端子间。

计量自动化终端的耐压试验回路一般包括：所有连接在一起的电压电流线路及参比电压高于 40V 的辅助线路与地之间；在正常工作中同其他线路分离开的并适当绝缘的每一电压线路或有公共点的电压线路组与地之间；所有连接在一起电流线路与所有连接在一起电压线路之间；不同电流线路之间；参比电压高于 40V 的辅助线路与地之间；参比电压不高于 40V 的辅助线路与地之间。

试验电压值的选择：所有电压电流线路及参比电压高于 40V 的辅助线路与地之间要求施加 2000V 或 1500V 试验电压；不同回路间要求施加 2000V 或 1500V 或 600V 试验电压；参比电压不高于 40V 的辅助线路要求施加 2000V 或 1500V 或 500V 试验电压，其中 2000V 电压适应于新生产的终端，1500V 电压适应于周期检修后的终端，500V 电压适用于其他情况下的终端。

试验电压的要求：正弦波交流电压，频率 45Hz～65Hz，耐压时间为 1min。

计量自动化终端耐压试验装置的一般技术指标有：

（1）输出电压档位：2000Vac，1500Vac，600Vac，500Vac；

（2）耐压试验时间：60±0.1s；

（3）电压跃变时间：从 0 升至 100％或从 100％下降到 0 所需时间，一般为 5s。

4.3 外观检测技术

计量自动化终端的外观、结构、颜色、尺寸应符合南方电网公司电能计量自动化终端系列标准，不应有明显的凹凸痕、划伤、裂缝和毛刺，镀层不应脱落，颜色均匀，标牌文字、符号应清晰、耐久，接线应牢固。

4.3.1 外观检测基本流程

目前主要基于机器视觉的方法对电能计量自动化终端的外观进行检测，相对于传统的人工检测，机器视觉技术具有非接触性、客观性以及高效率的优点。基于机器视觉技术的终端外观检测方法，其核心是图像处理技术，主要流程如图 4-2 所示。

首先进行图像预处理。虽然电能计量自动化终端自动检测系统在设计时，可以将外部环境的影响降到最低，但仍然可能会由于外部环境影响或工业相机本身质量问题，导

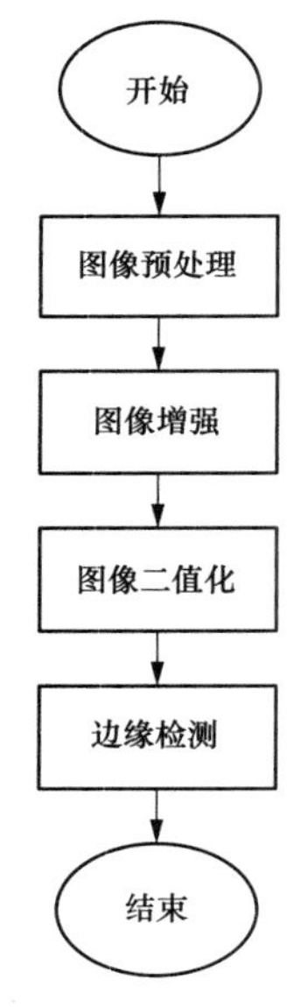

图 4-2　电能计量自动化终端外观检测流程图

致终端外观图像上有噪声或特征不明显，计算机难以直接处理通过工业相机拍摄得到的终端外观图像。因此，需要对终端外观图像进行预处理。预处理是图像处理过程中必不可少的基础性环节，它能有效消除和降低图像中因干扰、光线、背景等不同环境所带来的不利于提高识别率的问题，从而恢复、保留和增强有利于提高识别率的图像特征，并能有效地对图像维数进行降维，降低特征信息的提取和识别的复杂度。对终端外观图像进行预处理的目的是增强图像的特征信息量，削弱不相关的特征信息量，便于终端外观图像在后续的图像检测环节中的快速处理，预处理的结果将直接影响整个终端外观检测的性能。由于原始图像都包含丰富的色彩信息，而外观检测对色彩要求不高，因此目前主要采用灰度化处理的预处理方法。灰度化可以弱化颜色所占的比重，降低外观图像的特征信息数据量，使得计算机的处理速度更加快捷。

其次通过图像增强技术，减少图像噪声，增强显现被模糊的细节，突出终端外观图像中感兴趣的特征；然后利用图像二值化技术，使得终端外观图像更加简单直观，包含的数据信息更少，更加凸显出目标区域轮廓；最后通过边缘检测技术，提取出所拍摄图像中的终端外观部分，完成对终端外观的检测。

4.3.2　外观检测关键技术

4.3.2.1　外观图像预处理方法

1. 图像的采集

首先通过电能计量自动化终端自动检测系统图像采集装置采集终端外观图像。采集装置包括了光敏感器件、扫描系统和模/数转换装置，当前在工业产品领域应用最多的是 CCD 工业相机。工业相机直接决定了所采集的终端图像辨识率、图像品质等，所以工业相机对于数字图像处理系统会有很大的影响。

2. 图像的灰度化

面向硬件设备的最常用的彩色模型是 RGB 模型，而面向彩色处理的最常用的模型是 HSI 模型。另外，在印刷工业上和电视信号传输中，经常使用 CMYK 和 YUV 色彩系统。一幅完整的计量自动化终端外观图像，包含有终端和背景信息，虽然颜色种类多种多样，一般可由红色分量（R）、绿色分量（G）、蓝色分量（B）三种颜色分量混合组成，每个颜色分量的亮度值范围是 0～255。正常情况下，通过工业相机拍摄采集得到的计量自动化终端外观图像为 RGB 彩色图像，鉴于终端外观图像检测系统对图像的三个不同色彩分量红、绿和蓝要求都不高，故可以将原始终端外观的彩色 RGB 图像变换到只用强度信息表示色彩深浅信息的灰度图像。灰度图像是利用不同的灰度值来表示 R、G、B 三种色彩分量在图像中所占的比例，其一个像素点的灰度变化范围为 0～255，所以在数字图像处理种一般先将彩色图像转变成灰度图像以使后续的计算量变得少一些。

灰度化的过程如式（4-8）所示。

$$Y = 0.299 \times R + 0.587 \times G + 0.114 \times B \tag{4-8}$$

式中：Y 为图像中某一像素点灰度化后的灰度值；R、G、B 分别为此像素点红色分量、绿色分量和蓝色分量的亮度。

根据式（4-8），若某一个点的亮度最高，亮度级别是 255，则表示白色；反之，黑色最暗则为 0。

从中不难看出，RGB 彩色图像到灰度图像的转换，其实就是利用不同的参数值去权衡 R、G、B 三个颜色分量在终端外观图像中所占的比重，从而使得原本由这三种颜色表示的图像，通过参数权衡化，改成利用灰度值来表示，即得到灰度图像。根据式（4-5）可以实现计量自动化终端外观图像从 RGB 色彩空间转变为使用灰阶值表示的灰度图像，弱化颜色所占的比重，降低外观图像的特征信息数据量，使得计算机的处理速度达到更快捷的目的。

3. 灰度直方图

任何一幅图像都包含丰富的数据信息量，计算机图像处理的主要目的是提取这些信息并找出其中研究需要用到的主要特征。而灰度直方图包含了图像的灰度分布状况，反映出图像中不同灰度对应的像素点个数。从图形上来说，其横坐标表示图像的灰度值，取值范围从 0～255，其纵坐标通过高度表示各灰度级出现次数的多少或概率的高低。

灰度图像包含有 256 级灰度值，而灰度直方图则是根据数学统计的理论，利用一个离散的数学函数表示某一级灰度值的分布，用 n_k 代表当前数字图像中 k 灰度值的像素点个数，则灰度值为 k 的像素点比例 $p(k)$ 可以通过式（4-9）表示。

$$p(k) = \frac{n_k}{n}(0 \leqslant k \leqslant 255, n_k \geqslant 0) \tag{4-9}$$

式中：n 为当前图像的总像素数。

为了改善图像中的灰度分布，使不同的灰度数量均衡，从分布图上的理解就是希望原始图像中纵轴的值在新的分布中尽可能的展开，这样的过程定义为直方图均衡化。处理过程是利用累积分布函数对原始灰度的分布进行映射，生成新的较为均衡的灰度分布。灰度均衡可以改进图像，使图像具有最大的特征量。灰度直方图均衡化能归一化图像亮度和提高图像的对比度，灰度图像的灰度由两边向中间补偿，图像总体的灰度趋于缓和，对灰度图的图像增强效果明显，能够明显提升后续的边缘轮廓检测效果。

4.3.2.2 外观图像增强方法

采集图像的过程中会受到不同因素（如光照、工业相机本身质量等）的干扰，因此，为了提高图像识别的效果，必须对所采集的终端外观图像进行增强处理，以便改善图像质量，滤除多余的不相关的噪声干扰。图像增强是一种基本的图像预处理手段，能够改善图像的视觉效果，使图像变得更加清晰，使其比原始图像更适用于特定的应用。图像增强可以有选择地丰富信息量、强调图像中人们感兴趣的特征，弱化图像中不需要的特征，这样可以大大地减少研究者的工作量。在不同场合面对不同问题，图像增强方式会有很大的差别，图像增强技术按所用方法可以分为空间域处理和频域处理两种主要形式。

空间域处理方法通过调整灰度图像的明暗对比度，对图像中各个像素的灰度值直接进行处理，包括灰度变换、直方图增强与空间域滤波。空间域滤波包括均值滤波、中指滤波、高斯滤波和双边滤波等滤波方法。

频域处理是把图像看成一种二维信号，然后利用二维傅里叶变换增强信息量。采用低通滤波，只让低频信号通过，可以有效地抑制图像边界。反之，采用高通滤波，增强高频信号，改善图像的边缘，使模糊的图像变得清晰。目前主要由灰度变换和图像去噪两种方法。

1. 灰度变换

外观图像的灰度变换，就是利用给定的数学函数，对分辨率为 $p \times q$ 的终端外观图像 $n(x,y)$ 上的各像素点的灰度值进行转换，即增加或者减小图像的灰度，从而达到图像增强的作用。灰度线性的变换公式，如式（4-10）所示。

$$M(x,y) = kn(x,y) + c \tag{4-10}$$

式中：$M(x,\ y)$ 为灰度变换后的图像；x 和 y 分别为图像中行和列坐标；k 为比例系数；c 为常数。

1）当 $k>1$ 时，经灰度变换后，终端外观图像上各点的像素值增大，从而增强整张图像的显示效果，可用于增加图像的对比度；

2）当 $k=1$ 时，输入图像上各点的像素值都增加或减少一个数值，再通过改变参数 c 的值，可以实现调节图像亮度的目的；

3）当 $0<k<1$ 时，图像整体的显示效果被削弱，灰度对比度也被压缩，使得图像灰度分布趋于遍布在某一区域；

4）当 $k<0$ 时，源图像较亮的区域变暗，而较暗的区域变亮，对图像实现反色的效果。

2. 图像去噪

在采集图像的过程中，由于光线、角度、工业相机本身成像质量和格式转换等问题的影响，在图像中总是存在外界噪声，使图像发生不同程度的失真。因此在对所采集到的终端外观图像进行处理前，需要先对终端外观图像进行去噪处理，也可称为图像平滑。图像去噪处理要求突出研究所需要的信息量，减弱不相关的特征，比如噪声干扰点，因此经过去噪处理的图像并不要求与原图像保持一致。根据不同的要求，图像去噪的方法有很多种，每一种都有各自的优缺点。常用的图像去噪方法有均值滤波、中指滤波、高斯滤波和双边滤波。

均值滤波（Mean Filter）：采用邻域平均法，原理是用周围邻域的像素均值来替代当前像素点的像素值，从而达到减少图像中杂点的影响、增强图像对比度的目的。均值滤波可以改善因噪点干扰引起的数据丢失等问题。原始图像 $f(x,\ y)$ 经过均值滤波处理后对应像素点像素值 $g(x,\ y)$ 如式（4-11）所示。

$$g(x,y) = \frac{1}{M}\sum f(x,y) \tag{4-11}$$

式中：M 表示模板中包含该像素在内的像素总个数。

中值滤波（Median Filter）：基于排序统计理论，能够有效抑制椒盐噪声。中值滤波方法是选取固定结构形状的模板，将某个像素在模块邻域中的像素按灰度值大小进行排序，然后选择排序后的序列中心值替代当前像素点的像素值。

中值滤波定义如式（4-12）所示。

$$g(x,y)=median\{f(x-i,y-j)\},(i,j)\in W \tag{4-12}$$

式中：$g(x, y)$ 和 $f(x-i, y-j)$ 分别为输出和输入像素灰度值；W 为模板窗口，窗 W 可以是线状、方形等。

高斯滤波（Gauss Filter）：利用数学上的高斯函数，去噪的权值按照它的分布形状来选取，是一种线性平滑滤波器，对去除服从正态分布的噪声有很好的效果。

其中一维零均值高斯分布如式（4-13）所示。

$$G(x)=\frac{1}{\sqrt{2\pi\sigma}}\mathrm{e}^{-\frac{x^2}{2\sigma^2}} \tag{4-13}$$

式中：σ 为高斯分布 $G(x)$ 的标准差。二维零均值高斯分布如式（4-14）所示。

$$G(x,y)=\frac{1}{2\pi\sigma^2}\mathrm{e}^{-\frac{x^2+y^2}{2\sigma^2}} \tag{4-14}$$

式中：σ 为高斯分布 $G(x, y)$ 的标准差。

双边滤波（Bilateral Filter）：是一种非线性的滤波方法，滤波器是由两个函数构成，一个函数是由几何空间距离决定滤波器系数，另一个由像素差值决定滤波器系数。

与高斯滤波相比，双边滤波器的优点在于能够保存边缘，高斯滤波则会带来边缘模糊的问题以及对高频细节无法起到保护的效果。

4.3.2.3 外观图像二值化方法

图像的二值化方法把图像上像素点的灰度值全部转化为 0 或 255，亦即使图像只保留黑白两种色彩效果，形成明显的反差对比。图像二值化也称为灰度阈值变换，就是先确定一个临界值又称为阈值，然后对阈值范围内的部分使用同一种方法处理，而阈值外的部分使用另外一种处理方法。其表达如式（4-15）所示。

$$y=\begin{cases}0 & x<T\\255 & x\geqslant T\end{cases} \tag{4-15}$$

式中：T 为阈值，如果图像的像素值低于阈值，则将该点的灰度值赋值为 0，反之则赋值为 255。

在计量自动化终端外观图像检测系统中，图像的二值化非常重要，主要体现在图像的特征信息提取与图像识别等方面，因为二值化的终端外观图像更加简单直观，包含的数据信息较少，能够凸显出研究感兴趣的目标区域轮廓，有利于进一步对终端产品标示字符和外观等信息的识别。

如何正确地选取阈值，对于图像的二值化处理过程显得尤为重要。因此，可以采用 Otsu 算法对二值化处理进行阈值的自动选取。Otsu 算法也称之为最大类间方差法，该方法利用聚类思想，根据图像的灰度差度量选取阈值，操作简便、计算速度快的特点，广泛应用于阈值的确定。Otsu 算法也可以称为是最佳的阈值分割中阈值的选取算法，其算法处理过程简易，与图像的亮度和对比度无关，同时，类间方差最大的分割意味着不同类别错分的概率较小。

如果原始图像 $f(x, y)$ 的灰度值有 t 级，并且有 n_i 个灰度值为 i 的像素，那么该原始图像的像素总数为

$$N = \sum_{i=1}^{t} n_i \tag{4-16}$$

灰度值为 i 的像素的出现概率是

$$p_i = n_i / N \tag{4-17}$$

其中，p_i 反映的是图像的灰度分布情况，它可以通过灰度直方图较直观地表达出来。

用 m 将灰度值分为两类 $C_0=[1, m]$ 和 $C_1=[m+1, t]$，那么就可以得到如下结果：

出现 C_0 的概率为

$$w_0(m) = \sum_{i=1}^{m} p_i \tag{4-18}$$

出现 C_1 的概率为

$$w_1(m) = \sum_{i=m+1}^{t} p_i = 1 - w_0(m) \tag{4-19}$$

C_0 类的平均值为

$$u_0(m) = \sum_{i=1}^{m} i p_i / w_0(m) \tag{4-20}$$

C_1 类的平均值为

$$u_1(m) = \sum_{i=m+1}^{t} i p_i / w_1(m) \tag{4-21}$$

C_0 类的方差为

$$\sigma_0^2(m) = \sum_{i=1}^{m} [i - u_0(m)]^2 p_i / w_0(m) \tag{4-22}$$

C_1 类的方差为

$$\sigma_1^2(m) = \sum_{i=m+1}^{t} [i - u_1(m)]^2 p_i / w_1(m) \tag{4-23}$$

整体图像的平均值为

$$u_t = \sum_{i=1}^{t} i p_i \tag{4-24}$$

整体图像的方差为

$$\sigma_t^2 = \sum_{i=1}^{t} (i - u_t)^2 p_i \tag{4-25}$$

图像的灰度总平均值为

$$u = w_0(m) u_0(m) + w_1(m) u_1(m) \tag{4-26}$$

类间方差为

$$\sigma^2 = w_0(m) w_1(m) [u_0(m) - u_1(m)]^2 = w_0(m) [u_0(m) - u_t]^2 + w_1(m) [u_1(m) - u_t]^2 \tag{4-27}$$

这样就可以使 σ^2 最大，来求得阈值 m，其中 $m \in [1, t]$。

方差反映了图像中灰度分布的均匀性，当σ^2越大时，就表示背景和目标的差别越大。在二值化处理过程中，无论是将部分背景归为目标，还是将目标归为背景，类间方差σ^2都会变小，说明误判越多，方差越小。为了减少这种误判，就要选择最大的类间方差σ^2。

4.3.2.4 外观图像边缘检测方法

1. 边缘检测概述

由于一幅图像的轮廓边缘可以提供大量的关键信息，边缘检测是图像处理与图像识别的技术基础。边缘是指图像上灰度产生跃变的区域边界，边缘检测算法主要根据计算数字图像中各点强度的一阶和二阶导数，利用微分算子，通过分析灰度跃变，提取出外观轮廓。根据灰度变化的类型不同，可以把边缘划分为阶梯形边缘（Step-edge）和屋顶形边缘（Roof-edge）两种类型。阶梯形边缘是从一个灰度到比它高很多的另一个灰度，屋顶形边缘的灰度从一级别跳到另一个灰度级别之后然后回到原来的灰度。

最优边缘检测算法应该具备以下几个特点：

1）好的检测。能够尽可能多地提取到图像中目标的实际边缘；

2）好的定位。提取到的边缘应该逼近实际图像中的目标轮廓；

3）最小响应。图像中的边缘只能标识一次，对噪声干扰不敏感，对于不同尺度的边缘都有较好的响应；

计量自动化终端外观图像的边缘检测过程可以分为三个阶段，第一阶段的滤波、第二阶段的增强与第三阶段的检测，三者缺一不可，其具体实现过程如下：

1）第一阶段：计算机对终端外观图像轮廓边缘的检测处理实际上是通过外观图像上边缘区域的导数实现，而数字图像中各点的强度导数容易受到噪声干扰的影响，因此需要通过滤波装置来改进边缘检测算法的识别效果，从而减少由采集环境和数据预处理过程可能出现的噪声干扰的影响。

2）第二阶段：基于终端外观图像中各像素点邻域强度的变化值，通过计算机处理确定各点的梯度值，突显出终端外观图像中灰度点邻域强度值有显著变化的点，即终端外观轮廓边缘点。

3）第三阶段：由于图像增强的缘故，导致邻域中有很多点的梯度值比较大，但并不是所有变化大的点都是需要的研究对象，因此需要采用某种办法进行筛选，选择性地保留研究所感兴趣的点。为了增强边缘检测的效果可以通过设置阈值函数来进行筛选分类。

总结起来，边缘检测就是先对采集到的终端外观源图像进行平滑滤波去噪处理，然后再对边缘图像进行增强，凸显终端外观图像中的目标轮廓边缘，接着利用阈值分割的方法提取并定位到边缘点集合，最后进行二值化处理得到边缘的二值化黑白图像。终端外观图像的边缘检测流程示意图如图 4-3 所示。

2. 图像边缘检测算法

图像边缘检测算法有 Robert 算子边缘检测、Sobel 算子边缘检测、Prewitt 算子边缘检测、Laplacian 算子、LOG 算子边缘检测和 Canny 算子边缘检测。下面对各种边缘检测算子进行简单介绍。

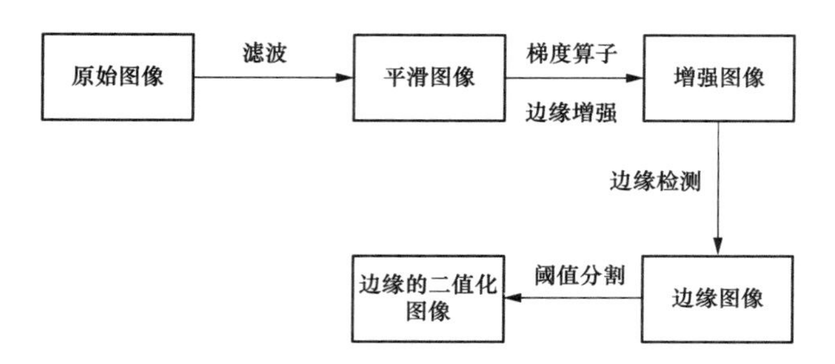

图 4-3　终端外观图像的边缘检测流程

（1）Robert 算子。

Robert 算子是一种利用对角线方向相邻两像素之差寻找边缘的方法，与梯度幅值检测边缘相类似。Robert 算子的定义如式（4-28）所示。

$$\begin{aligned}\Delta_x(x,y) &= f(x,y) - f(x-1,y-1)\\ \Delta_y(x,y) &= f(x-1,y) - f(x,y-1)\end{aligned} \tag{4-28}$$

式中：$\Delta_x(x,\ y)$ 和 $\Delta_y(x,\ y)$ 为交叉梯度算子，$f(x,\ y)$ 为图像在点（x，y）处的灰度值。Robert 算子也可以使用梯度幅值的近似，梯度算子 $R(x,\ y)$ 长度如式（4-29）所示。

$$R(x,y) = \sqrt{f_x^2(x,y) + f_y^2(x,y)} \tag{4-29}$$

Robert 算子模板为$\begin{bmatrix}1 & 0\\ 0 & -1\end{bmatrix}$、$\begin{bmatrix}0 & 1\\ -1 & 0\end{bmatrix}$。

（2）Sobel 算子。

Sobel 算子是一个主要用作边缘检测的离散微分算子（Discrete Differentiation operator）。它包含有高斯平滑滤波器，从而具备较好的抗噪性。

Sobel 算子的定义如式（4-30）所示。

$$\begin{aligned}\Delta_x(x,y) =& [f(x-1,y+1) + 2f(x,y+1) + f(x+1,y+1)]\\ &- [f(x-1,y-1) + 2f(x,y-1) + f(x+1,y-1)]\\ \Delta_y(x,y) =& [f(x-1,y-1) + 2f(x-1,y) + f(x-1,y+1)]\\ &- [f(x+1,y-1) + 2f(x+1,y) + f(x+1,y+1)]\end{aligned} \tag{4-30}$$

上式分别对应两个不同的检测方向，其处理过程如下：

对于图像终端外观图像，分别在水平方向 x 和垂直方向 y 两个方向求导；

水平方向：将图像 I 中每一像素点与水平方向 Sobel 算子模板进行卷积可获取每一个像素点水平方向的梯度值 G_x，其计算结果如式（4-31）所示。

$$G_x = \begin{bmatrix}-1 & 0 & 1\\ -2 & 0 & 2\\ -1 & 0 & 1\end{bmatrix} \times I \tag{4-31}$$

垂直方向：将图像 I 中每一像素点与竖直方向 Sobel 算子模板进行卷积可获取每一个像素点竖直方向的梯度值其计算结果如式（4-32）所示。

$$G_y = \begin{bmatrix} 1 & 2 & 1 \\ 0 & 0 & 0 \\ -1 & -2 & -1 \end{bmatrix} \times I \tag{3-32}$$

在图像上的每一点，结合以上水平和垂直方向上的结果求出近似梯度，其结果如式（4-33）所示。

$$G = \sqrt{G_x^2 + G_y^2} \tag{4-33}$$

在特殊情况下，也可用下面更简单的公式代替，其结果如式（4-34）所示。

$$G = |G_x| + |G_y| \tag{4-34}$$

（3）Prewitt 算子。

Prewitt 算子与 Sobel 算子相类似，差别在于权值有所变化，但是两者实现的功能是不一样的。Prewitt 算子不仅剔除了部分伪边缘，同时还具有一定的噪声平滑能力。Prewitt 算子的定义如式（4-35）所示。

$$\begin{aligned} \Delta_x(x,y) &= [f(x-1,y-1) + f(x-1,y) + f(x-1,y+1)] \\ &\quad - [f(x+1,y-1) + f(x+1,y) + f(x+1,y+1)] \\ \Delta_y(x,y) &= [f(x-1,y+1) + f(x,y+1) + f(x+1,y+1)] \\ &\quad - [f(x-1,y-1) + f(x,y-1) + f(x+1,y-1)] \end{aligned} \tag{4-35}$$

从 $\Delta_x(x, y)$ 和 $\Delta_y(x, y)$ 中选取出效果最好的作为最终确定的梯度函数，如式（4-36）所示。

$$P(x,y) = \max[\Delta_x(x,y), \Delta_y(x,y)] \tag{4-36}$$

Prewitt 算子的模板为 $\begin{bmatrix} 1 & 1 & 1 \\ 0 & 0 & 0 \\ -1 & -1 & -1 \end{bmatrix}$、$\begin{bmatrix} -1 & 0 & 1 \\ -1 & 0 & 1 \\ -1 & 0 & 1 \end{bmatrix}$。

（4）Laplacian 算子。

Laplacian 算子是最简单的各向同性微分算子，可以旋转保持不变，因此比较适合在只关心边缘的位置而不考虑其周围的像素灰度差值的场合。Laplacian 算子对单独像素的响应比起对线段的响应效果要更好，Laplacian 算子对噪声比较敏感。因此通常使用 Laplacian 算子时，需要加上滤波去噪的处理过程。Laplacian 算子的定义如式（4-37）所示。

$$\Delta^2 L(x,y) = f(x+1,y) + f(x-1,y) + f(x,y+1) + f(x,y-1) - 4f(x,y) \tag{4-37}$$

式中：$f(x, y)$ 为图像在 (x, y) 处的灰度值；$\Delta^2 L(x, y)$ 为 $f(x, y)$ 的二阶导数。

（5）LoG 算子。

LoG 算子由 D. Marr 提出的。LoG 算子，即高斯拉普拉斯函数，是一种利用图像强度二阶导数的零交叉点来求边缘点的算法，常用于数字图像的边缘提取和二值化。

LoG 算子结合了 Gauss 平滑滤波器和 Laplacian 锐化滤波器两者的优点，可以改善因 Laplacian 算子所带来的噪声放大的影响，所以经过这种算子检测后所得到的边缘图像效果较为良好，其定义如式（4-38）所示。

$$\Delta[G_\sigma(x,y) * f(x,y)] = \Delta G_\sigma(x,y) * f(x,y) = \mathrm{LoG} * f(x,y) \tag{4-38}$$

LoG 算子为 5×5 矩阵，模板为 $\begin{bmatrix} -2 & -4 & -4 & -4 & -2 \\ -4 & 0 & 8 & 0 & -4 \\ -4 & 8 & 24 & 8 & -4 \\ -4 & 0 & 8 & 0 & -4 \\ -2 & -4 & -4 & -4 & -2 \end{bmatrix}$。

（6）Canny 算子。

Canny 算子由 John F. Canny 提出。它具有很好的信噪比和检测精度，这些年来，已经在不同领域的应用场合，都能发现利用 Canny 算子进行边缘检测的身影，其运用也越来越普及化。

Canny 算子的定义如式（4-39）和式（4-40）所示。

$$M_\alpha = \| f(x,y) * \nabla G_\alpha(x,y) \| \tag{4-39}$$

$$A_\alpha = \frac{f(x,y) * \nabla G_\alpha(x,y)}{\| f(x,y) * \nabla G_\alpha(x,y) \|} \tag{4-40}$$

式中：α 为长度因子；M_α 为梯度矢量的模；A_α 为梯度矢量的方向。

Canny 算法包含有两个阈值，如果一个像素的梯度高于大的阈值，则认为该点像素处于边缘位置上，如果低于小的阈值，则认为该点不是边缘像素，应当舍弃。

4.4 合格证验证技术

对计量自动化终端合格证的完整性进行验证，可以采用图像处理技术，采用二值化算法和形态学方法定位和切分图像处理中的合格证，并采用光学字符识别（Optical Character Recognition，OCR）技术识别图像中的字符。

4.4.1 合格证提取方法

当检测到传送带上有计量自动化终端经过拍摄区域时，工业相机对计量自动化终端进行拍摄，将采集的图像传输到图像处理模块。图像处理模块会在捕获到的图像中定位合格证所在的区域。在定位到合格证后，首先会对合格证图像进行旋转校正，随后切分出合格证子图，并找到子图中合格证的位置。如果图像处理模块无法定位到合格证，那么图像处理模块将反馈重新拍摄的信息发送至控制终端，控制工业相机改变其拍摄方向和角度，重新拍摄合格证，直到能够定位到计量自动化终端合格证。在定位到货运标签代码后，图像处理模块会定位和切分图像中的字符，验证合格证的完整性。

4.4.1.1 合格证图像预处理方法

合格证由于光照不均，分辨率低等因素呈现出截然不同的成像特性。这些特性影响着文本定位、词图像分割到字符识别等各个过程。在将场景条件下的文本图像输入到各个模块前，对图像进行必要的预处理，对图像定位和识别正确率的提高有一定的帮助。

在众多图像预处理方法中，数学形态学算法具有天然的并行实现的结构，实现了形态学分析和处理算法的并行，大大提高了图像分析和处理的速度。数学形态学的基本思想是用具有一定形态结构的元素去量度和提取图像中的对应形状以达到对图像分析和识别的目的，它的应用可以简化图像数据，保持它们基本的形状特性，并且除去不相干结构。

数学形态学是以形态结构元素为基础对图像进行分析的数学工具，其基本运算有4个：膨胀（dilation），腐蚀（erosion），开运算（opening）和闭运算（closing）。数学形态学的基本思想就是通过使用具有特定形态的结构元素，对图像中的对应形状进行度量和提取，最终对图像分析和识别。使用数学形态学可以简化图像数据，过滤图像，使得形状的基本特征得以保持。基于膨胀、腐蚀、开运算和闭运算等基本运算可以推导和组合成各种数学形态学的实用算法。二值图像的形态学变换是针对图像集合的处理过程，其实质是形状集合和结构元素间相互作用的处理过程，此运算过程结果的形状信息取决于结构元素的形状。可以直观的描述为在图像中平移某一特定的结构元素，然后将其与图像进行交、补等集合运算。

1. 膨胀

膨胀（dilation）和腐蚀（erosion）是两种最基本也是最重要的形态学运算，它们是后续很多高级形态学处理的基础，很多其他的形态学算法都是由这两种基本运算复合而成。在形态学中，最基本但又十分重要的概念是结构元素。结构元素在形态变换中的作用相当于信号处理中的“滤波窗口”。用 $B(y)$ 代表结构元素，对工作空间 E 中的每一点 y，膨胀的定义为：

$$Y = E \oplus B = \{y: \hat{B}(y) \cap E \neq \varphi\} \tag{4-41}$$

用 $B(y)$ 对 E 进行膨胀的结果就是先把结构元素 B 关于其自身原点进行反射，得到其反射集 $\hat{B}$，然后在目标图像 E 上将 $\hat{B}$ 平移。平移 $\hat{B}$ 后，目标图像 E 与 $\hat{B}$ 有一个或多个公共元素相交时，$\hat{B}$ 的原点位置组成的集合即为用对 E 进行膨胀的结果。

2. 腐蚀

腐蚀的定义为：

$$X = E \otimes B = \{x: B(y) \subset E\} \tag{4-42}$$

用 $B(y)$ 对 E 进行腐蚀就是让原本位于图像远点的结构元素 B 在图像上平移，如果当 B 的原点平移至某一点时 B 能够完全包含在 E 内，则所有这样的点的集合即为俯视图像。

3. 开运算

先腐蚀后膨胀的过程称为开运算。闭运算可以使轮廓变得光滑，还能使狭窄的连接断开，消除细微毛刺。

使用结构元素 B 对 E 进行闭运算，记作 $E \cdot B$，可表示为：

$$E \cdot B = (E \otimes B) \oplus B \tag{4-43}$$

4. 闭运算

先膨胀后腐蚀的过程称为闭运算。闭运算同样可以使轮廓变得光滑，但与开运算相反，它通常能够弥合狭窄的间断，填补小的空洞。

使用结构元素 B 对 E 进行闭运算，记作 $E \cdot B$，可表示为：

$$E \cdot B = (E \oplus B) \otimes B \tag{4-44}$$

二值形态膨胀与腐蚀可以被理解为集合的逻辑运算，算法简单，在对二值图像进行图像分割、细化、抽取骨架、边缘提取、形状分析时，有着不可替代的作用。对于不同应用领域，或者同一领域中的不同具体方面，结构元素的选择及其图像处理算法是有很大差别的，为了取得预期的效果，对不同的目标图像需要使用不同的结构元素和处理算法。诸如结构元素的大小、形状选择等因素，会直接影响图像的形态运算结果。

4.4.1.2 合格证定位方法

计量自动化终端的合格证大多是矩形的，可以使用 Hough 变换方法对合格证进行定位。

Hough 变换是 Paul Hough 在 1962 年提出的一种图像边缘检测技术，因其具有良好的抗噪声性能、对随机噪声的鲁棒性以及适用于并行处理、实时应用等优良特性，而在图形处理、模式识别和计算机视觉等领域广为应用。Hough 变换在合格证的倾斜度校正中用得较多，通过检测直线的倾斜角度 θ，通过旋转以校正倾斜的合格证。Hough 变换的基本思想是利用直线参数方程：

$$\rho = x_i \cos\theta + y_i \sin\theta \tag{4-45}$$

式中：ρ，$\theta(0 \leqslant \theta \leqslant \pi)$ 为参数。$|\rho|$ 为坐标原点到该直线的距离，θ 为该直线的垂线与 z 轴所成的角。Hough 变换把图像上的每一个点（x_i，y_i）映像到参数空间上的一条正弦曲线。图像中的直线被映像成了参数空间上的一个点（ρ，θ）。直线上任意两点（x_1，y_1），（x_2，y_2）对应的两条正弦曲线将相交于点（ρ，θ），该直线上所有的点对应的参数空间上的正弦曲线都将交于该点，即一条直线将对应着参数空间的一个参数簇的交点。

经典的 Hough 变换的方法是根据要求的精度将（ρ，θ）平面空间划分为许多小格，每一个小格是个累加器。对于图像空间中的任一点（x，y），按照式（4-45）计算其参数空间位置，然后该处的累加器加 1，即投票。待整个图像遍历之后，参数空间中每个累加器的大小决定了图像平面上共线的点的多少。参数空间中累加器的峰值对应着图像空间中的最长直线。Hough 变换利用了图像的全局特性直接检测直线，受噪声和曲线间断影响较小，鲁棒性较强。从 Hough 变换的原理可以看出，如果参数空间（ρ，θ）量化间隔过大，参数空间的集聚效果很差，无法检测出实际的直线。但如果量化间隔太小，则会产生峰值扩散，计算量也明显加大，且图像本身的量化误差的影响也增大。所以按照具体的要求，需要选择一个合适的量化间隔。

在终端图片中，对合格证的定位可以转化到对合格证边框的提取，通过边框的提取可以将标牌定位。合格证的定位分为以下几个步骤：首先，对设备图片视其质量好坏进行相应的预处理；然后，将预处理后的图像进行边缘提取；最后，用 Hough 变换进行标牌边框的提取。

基于 Hough 变换的合格证边框提取的算法如下：

1）将图像 $f(x, y)$ 映射到（ρ，θ）参数空间；

2）确定（ρ，θ）空间最小量化间隔；

3）建立累加数组并进行投票；

4）累加器的大小即图像平面上共线的点的多少；

5）对检测到的直线进行遍历，检测到的封闭图形即为合格证的边框。

4.4.2 合格证字符识别方法

4.4.2.1 OCR 技术基本原理

OCR 技术可以分为训练和识别两个部分，每一部分都需要相应的预处理步骤。OCR 主要运用图像预处理技术和模式识别技术，OCR 的基础是图像处理技术。对图像进行预处理后，需要对处理好的图像进行训练，并最终实现光学字符识别。

4.4.2.2 模式识别的概念

模式识别（Pattern Recognition，PR）是人类的一项基本职能，在日常生活中，人们经常在进行“模式识别”。随着计算机的出现以及人工智能的发展，人们希望部分脑力劳动能使用计算机等工具代替。

模式是由确定的和随机的成分组成的物体、过程和事件。在一个模式识别问题中，它是我们识别的对象。模式识别是指对表征事物或现象的各种形式的信息进行处理和分析，以对事物或现象进行描述、辨认、分类和解释的过程，简单说就是应用计算机对一组事件或过程进行鉴别和分类。

将模式识别的方法和技术应用于图像领域，即当识别的对象是图像时就称为图像识别。虽然对我们人类而言，理解和识别所看见的东西似乎是一件再平常不过的事情，让计算机具有类似的智能却是一项极具挑战性的任务，然而两者在很多环节上是相似的。

感觉器官接受图像刺激，人们能够通过辨认，发现该图像是经历过的某一图形，此过程程是图像再认。在图像识别中，既要有进入感官的信息，也要有记忆中存储的信息。通过以上两种信息进行比较的加工过程，可以对图像实现再认。

人的图像识别能力是很强的。图像距离的改变或图像在感觉器官上作用位置的改变，都会造成图像在视网膜上大小和形状的改变，即便在这种情况下，人们仍然可以认出他们过去知觉过的图像。此外人类还具有非凡的 3D 重建能力，比如说见过某人的正面照片，但可以认出此人的侧脸甚至背脸。从这个意义上说，目前计算机的识别能力与人类还相差甚远。

模式识别的关键概念包括：

模式类（Pattern Class）共享一组共同属相或特征的模式集合，通常具有相同的来源。

特征（Feature）一种模式区别于另一种模式的相应（本质）特点或特性，是通过测量和处理能够抽取的数据。

噪声（Noise）指与模式处理（特征抽取中的误差）或训练样本联合的失真，它对系统的分类能力（如识别）产生影响。

分类/识别（Classification/Recognition）根据特征将模式分配给不同的模式类，识别出模式的类别的过程。

分类器（Classifier）为了实现分类而建立起来某种计算模型，以模式特征为输入，输出该模式所属的类别信息。

训练样本（Training Sample）指一些类别信息已知的样本，通常使用它们来训练分类器。

训练集合（Training set）训练样本所组成的集合。

训练/学习（Training/Learning）根据训练样本集合，教授识别系统如何将输入矢量映射为输出矢量的过程。

测试样本（Testing Sample）指一些类别信息对于分类器未知（不提供分类器类别信息）的样本，通常使用它们来测试分类器的性能。

测试集合（Testing Set）指测试样本所组成的集合。当测试集合与训练集合没有交集时，称为独立的测试集。

测试（Testing）指将测试样本作为输入送入已训练好的分类器，得到分类结果并对分类正确进行统计的过程。

识别率（Accuracy）对于某一样本集合而言，经分类器识别正确的样本占总样本数的比例。

泛化精度（Generalization Accuracy）分类器在独立于训练样本的测试集合上的识别率。

4.4.2.3 模式识别方法

模式识别方法主要分为两种：统计模式识别（Statistical Pattern Recognition）方法和句法（结构）模式识别（Syntactic Pattern Recognition）方法。统计模式识别是对模式的统计分类方法，即结合统计概率论的贝叶斯决策系统进行模式识别的技术，又称为决策理论识别方法；而句法（结构）模式识别利用模式与子模式分层结构的树状信息完成的模式识别工作。

1. 统计模式识别

统计模式识别的基本原理是：有相似性的样本在模式空间中互相接近，并形成“集团”。其分析方法是根据模式所测得的特征向量，将一个给定的模式归类，可视为根据模式之间的某种距离函数来判别分类。

在统计模式识别中，贝叶斯决策规则从理论上解决了最优分类器的设计问题。但其实施却必须首先解决更困难的概率密度估计问题。BP 神经网络直接从训练样本学习，是更简便有效的方法，因而获得了广泛的应用。统计推断理论研究所取得的突破性成果导致现代统计学习理论即 VC 理论的建立，该理论不仅在严格的数学基础上圆满回答了人工神经网络中出现的理论问题，而且导出了一种新的学习方法即支持向量机。

2. 句法模式识别

句法模式识别又称为结构模式方法或语言学方法。其基本思想是把一个模式描述为较简单的子模式的组合，子模式又可描述为更简单的子模式的组合，最终得到一个树形的结构描述，在底层的最简单的子模式成为模式基元。

在句法方法中选取基元的问题相当于在统计方法中选取特征的问题。通常要求所选的基元能对模式提供一个紧凑的反映其结构关系的描述，又要易于用非句法方法加以抽取。显然，基元本身不应该含有重要的结构信息。模式以一组基元和它们的组合关系来描述，成为模式描述语句；这相当于在语言中，句子和短语由词组合，词由字符组合一样。基元组合合成模式的规则，由语法来指定。一旦基元被鉴别，识别过程可通过句法分析进行，即分析给定的模式语句是否符合指定的语法，满足某类语法的即被分入该类。

3. 常用的字符识别方法

字符识别的方法是字符识别的关键所在。过去几十年间，发展了多种字符识别方法，如句法模式识别、统计模式识别以及人工神经网络、支持向量机等方法。

常见的字符识别方法包括：

（1）模板匹配。

模板匹配是一种最原始、最基本的模式识别方法，其原理是通过在输入图像上滑动图像块对实际的图像块和输入图像进行匹配。模板就是一幅已知的小图像，而模板匹配就是在一幅大图像中搜寻目标，已知该图中有要找的目标，且该目标同模板有相同的尺寸、方向和图像元素，通过一定的算法可以在图中找到目标，确定其坐标位置将字符与已知的模板进行匹配，对于相同字体、大小的字符可以有效识别，但对于倾斜或者大小改变的字符识别率低。

（2）投影直方图法。

投影直方图将图像水平和垂直方向上的灰度值进行逐行、逐列累加求均值，并投影到垂直和水平的一维坐标下，其数学表达式为：

$$HP(r_i)=\frac{1}{n}r_i\sum_{j=0}^{n(r_i)}G(r_i,c_j) \tag{4-46}$$

$$VP(c_i)=\frac{1}{m}r_i\sum_{j=0}^{m(r_i)}G(r_j,c_i) \tag{4-47}$$

式中：$HP(r_i)$ 为图像区域内第 i 行投影到垂直一维坐标的值；$n(r_i)$ 为第 i 行包含的列数；$G(r_i，c_j)$ 为第 i 行第 j 列的灰度值；$VP(c_i)$ 为图像区域内第 i 列投影到水平一维坐标的值；$m(r_i)$ 为第列包含的行数；$G(r_j，c_i)$ 为第 i 列第 j 行的灰度值。所以，水平投影坐标为图像垂直方向灰度值的改变，同样，垂直投影坐标为水平方向的灰度值改变。该方法首先计算待识别字符在水平和垂直方向的投影，并以此为特征，对于旋转的字符识别率低。

（3）笔画密度特征法。

对于高质量的图像，利用笔划密度特征可以很好的进行识别，某些手写体识别中心应用笔划密度的特征，对于字符笔划粘连时识别率低。

（4）支持向量机（Support Vector Machine，SVM）。

支持向量机方法是建立在统计学习理论的 VC 维理论和结构风险最小原理基础上的，根据有限的样本信息在模型的复杂性（即对特定训练样本的学习精度）和学习能力（即无错误地识别任意样本的能力）之间寻求最佳折中，以求获得最好的推广能力。由于该方法是基于统计学习理论，对于样本容量不大的识别问题，和一些非线性高维模式识别有很好的效果。

（5）人工神经网络（Artificial Neural Network，ANN）方法。

ANN 是模仿人脑神经元的网络，大量的神经元组合可以解决复杂的问题，且 ANN 具有学习能力，今年来应用广泛。在字符识别中，人工神经网络可以作为分类器，输入特征向量，输出分类结果。

误差反向传播（Back Propagation，BP）神经网络是近几年人工神经网络中运用最普遍的。BP 算法归类于有导师学习的算法，学习过程由信号正传播和误差反向传播组成。它是由输入层、一个或者多个隐含层及输出层构成。

如图 4-4 所示为一个仅有一个隐含层的三层 BP 网络，其由 n 个数据对输入，1 个输出。

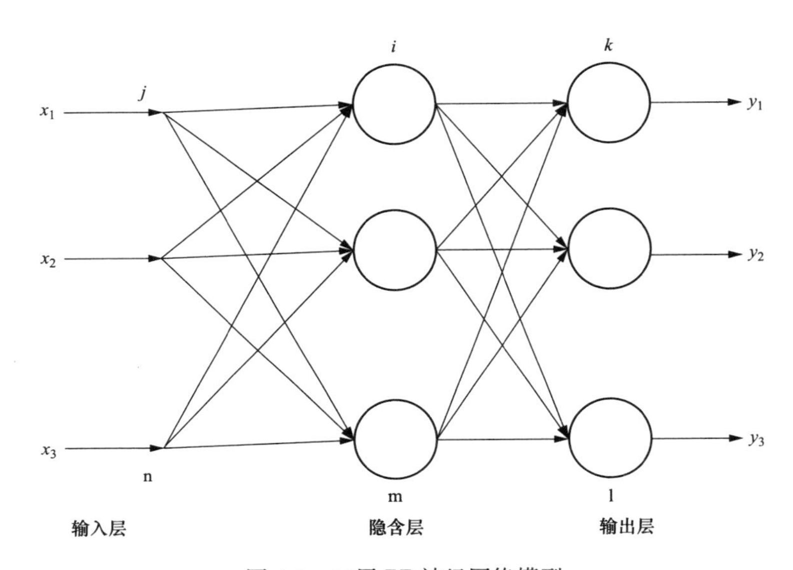

图 4-4　三层 BP 神经网络模型

图 4-4 中，第一层输入层为 x_1，x_2，…，x_n，分别输入到下一层即隐含层的 m 个神经元中，输出层则有 1 个神经元。令输入层的节点和隐含层的节点间连接权值是 $w_{i,j}$，隐含层中的节点和输入层中的节点的连接权值 $v_{k,j}$，隐含层中节点的阈值为 θ_i，输出层节点的阈值为 λ_i，隐含层的结果是 o_i，输出层的结果是 y_k。

BP 网络学习算法的具体步骤如下：

1）将一个训练样本数据对作为输入信息输入到 BP 网络中；

2）信息流正向传播，分别求取隐含层与输出层的输出，即 o_i 与 y_k；

3）求出真实输出与目标输出的差值；

4）从输出层开始反向传播计算到第一个隐含层，按特定的原则向缩小误差的方向调整整个 BP 网络的连接权值；

5）对其他所有训练样本数据对重复以上步骤，直到对整个网络训练样本的总误差到达设置要求，BP 网络训练完成。

4.4.2.4 合格证字符识别实现方法

基于 OCR 技术的标牌识别就是将合格证图像通过预处理，达到 OCR 技术识别文字的要求，通过现有的成熟的 OCR 软件进行识别。其识别流程如图 4-5 所示。

将采集到的合格证图像先进行图像增强等预处理，经过图像灰度化、图像二值化、图像滤波、图像边缘提取等四个步骤，得到质量改善后的图像，使其能够满足下一步的使用条件。预处理后的图像满足边缘提取的要求后，对合格证的定位可以转化到对合格证边框的提取，通过边框的提取可以将标牌定位，合格证的定位首先对将预处理后的图像进行边缘提取，利用的是 Hough 变换进行标牌边框的提取。由于 OCR 技术识别字符的条件是要求图像是二值化的，将定位后的合格证经过二值化处理，用 OCR 软件进行识别，最终完成对计量自动化终端合格证字符的识别。

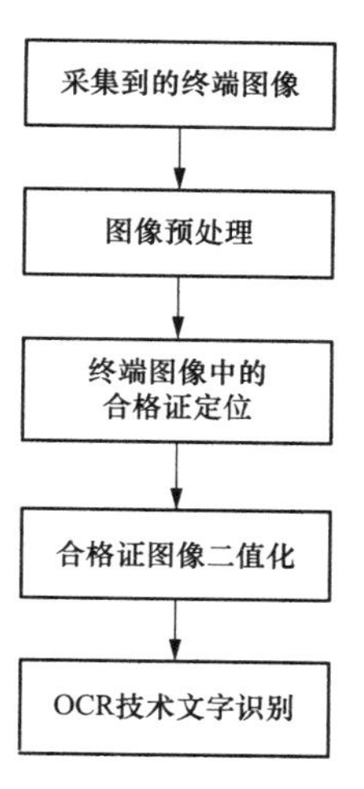

图 4-5 合格证识别流程图

4.5 封印二维码验证技术

4.5.1 二维码技术简介

一维条形码只能再单方向上进行信息的存放，除非将条形码不断延长，否则存放的数据容量非常有限，而其本身较小的信息承载量决定其不能脱离数据库单独存放一定量的信息。正是由于其信息承载量小，以及其带来的缺点，人们发明了二维条形码。一般二维条形码通过一些黑白的矩阵框表示其所承载的信息，条码读取设备通过扫描这些区域进行信息的读取。二维条形码在两个维度方向上能够同时承载信息，因此，在相同的面积上，其信息携带两远远大于一维码。正是由于其信息承载量大的特点，二维码不仅能存放物品标识，也能存放一些物品信息的具体描述，使其能够脱离数据库独立使用。其信息承载量较大，甚至能够分出一部分区域用于纠错校验位的存放，使二维码拥有了一定的错误纠正能力，大大提高了它的实际适用性。

目前主要的二维码以两种方式进行信息存放：矩阵式以及行排式，这两个二维码各自具有特定，分别描述如下：

1. 行排式二维码

行排式二维码在编码原理、识别方法、纠错校正方式都与一维码存在一定的相似之处，甚至一些一维条形码的读取以及印刷设别能够直接用于行排式二维码的应用。行排式二维码可以看作一维码的纵向衍生，只是需要加上相应的换行以及纠错机制。目前，具有代表性的行排式二维码主要有：PDF417，code 16K 以及 code 19K。其中 PDF417 如图 4-6 所示。

图 4-6 PDF417 二维码

2. 矩阵式二维码

相较于行排式二维码，矩阵式二维码则是一种全新的编码方式。矩阵式二维码图形有些类似棋盘，因此也被称为棋盘式二维码，一般是由一些黑白的正方形按照特定的方式排列成大正方形图案来进行信息存储的。矩阵式二维码的编解码需要建立在组合编码、自动图形处理技术等较新式的自动信息处理技术的基础上。目前比较具有代表性的矩阵式二维码包括：汉信码，QR Code，Maxi Code（如图 4-7 所示），Date Matrix（如图 4-8 所示）等。

图 4-7　Date Matrix

图 4-8　Maxi Code

实际应用中终端二维码主要采用 Data Matrix 码，在实际对计量自动化终端的二维码图像采集的过程中，由于工作环境的不稳定性与复杂性，以及拍摄设备、拍摄方法、角度、光照等实际条件的约束，总会造成所拍摄得到的图像不理想，例如，图像模糊、图像过暗或过亮等，如果这些问题无法得到解决，那么就会使得后续的诸多工作与结果，出现较大误差或错误，所以为了降低或消除这些不利因素的影响，就需要先对图像进行预处理，使得所得图像尽可能地满足下一步的使用条件。主要通过四个方面来完成图像预处理过程，它们分别是：图像灰度化、图像二值化、图像滤波、图像边缘提取。这些图像的预处理过程在 4.3 节已经做了详细的介绍，因此不再赘述。本节主要介绍采样解析过程。

4.5.2　封印二维码验证实现方法

4.5.2.1　封印二维码验证基本原理

二维码验证的过程如下：先对拍摄到的二维码图像进行预处理，包括图像灰度化、图像二值化、图像滤波、图像边缘提取等四个步骤，使得所得图像尽可能地满足下一步的使用条件；对出现偏转的图像记性旋转校正，使条码能够精确定位和后续的采样识别；在完成条码图像旋转校正后，就可以对条码图像进行采样解码。解码主要分为以下三步：首先，对条码图像进行分割，使其能够得到每单位模块的信息；然后，生成定位网格，并且实现对网格端点的灰度值进行采样；最后，由采样结果映射为 0-1 矩阵，实现二维码的解码工作。

4.5.2.2　二维码校正方法

对条码图像进行一系列预处理之后，就可以得知其条码的线段长度和端点坐标。在实际应用中，经常会出现条码图像存在偏转角度的问题，而为了使条码能够精确定位和后续的采样识别，除了使条码旋转至图像中的水平位置外，还需要确保条码的左下方位置为“L”形状的探测图形。

通常是以图像中心为圆心进行旋转的。所以设图像中的每个像素点的坐标为：

$$\begin{cases} x_0 = r\cos\alpha \\ y_0 = r\sin\alpha \end{cases} \tag{4-48}$$

旋转 θ 角度后，像素坐标变为：

$$\begin{cases} x_1 = r\cos(\alpha - \theta) = r\cos\alpha\cos\theta + r\sin\alpha\sin\theta = x_0\cos\theta + y_0\sin\theta \\ y_1 = r\sin(\alpha - \theta) = r\sin\alpha\cos\theta - r\cos\alpha\sin\theta = -x_0\sin\theta + y_0\cos\theta \end{cases} \tag{4-49}$$

由此得知，图像旋转的通用公式为：

$$\begin{bmatrix} x_1 \\ y_1 \end{bmatrix} = \begin{bmatrix} \cos\theta & \sin\theta \\ -\sin\theta & \cos\theta \end{bmatrix} \begin{bmatrix} x_0 \\ y_0 \end{bmatrix} \tag{4-50}$$

式中：旋转前像素坐标值为 x_0，y_0；旋转后像素坐标值为 x_1，y_1；旋转角度为 θ，顺时针方向为负值，逆时针方向为正值。

对条码图像的旋转算法分为以下几步：

首先，在直线检测的基础上，得知“L”形状的探测图形的四个端点坐标；其次，在四个端点坐标中，确定处于对角线位置的端点坐标，利用对角线两端点距离最远可以实现；然后，确定“L”形状的探测图形的顶点坐标，即两条线段的交点位置；最后，确定所需要对条码图像旋转的角度和方向。

4.5.2.3 单行/列条码图像分割

对条码图像进行水平方向的边缘检测，再在水平方向运用逆向方差做投影，投影公式如下。

$$p(y) = \sum_{x} \nabla G(x, y) \tag{4-51}$$

投影后发现图中起伏过多，因此需要做平滑处理，公式如下

$$\varphi(y) = p(y) * g(y)$$

$$g(y) = \frac{1}{\sqrt{2\pi\sigma_0}} \exp\left(-\frac{y^2}{2\sigma_0^2}\right) \tag{4-52}$$

平滑后的投影图峰值点不明显或重叠的地方会变得清晰可见，可以很容易得到各处峰值所对应的纵坐标。同理可对图像 $G(x, y)$ 做垂直投影得到各峰值点所对应的横坐标。这样就可以得到条码中的模块数量和模块边长等信息。Data Matrix 码分割采用的是单行分割算法，其流程如下。

1）对裁剪后的条码图像进行水平方向的边缘检测；

2）利用逆向差分公式在水平方向做投影；

3）$p(y)$ 的峰值点对应于条码的各个行边界；

4）各个峰值对应于纵坐标，同理做垂直投影可得纵坐标，这样就可得到条码中模块的数量和模块边长。

4.5.2.4 二维码采样方法

根据上述步骤得到的模块边长和数量，就可以得知单位模块的平均长度，然后平移定位网格半个模块长度就可得到采样网格，对采样网格的每个网格端点的灰度值进行采样，就可以得到条码图像的采样后的网点。

4.5.2.5 二维码解码识别方法

根据采样后的网点，就可以将其映射为0-1矩阵，这样就得到了整个条码图像的二进制比特流。

4.6 通信可靠性测试技术

4.6.1 通信可靠性测试基本内容

1. 抗干扰能力测试

由于低压电力网络中有大量各种不同的用电设备，各用电设备将不同程度上产生一定的干扰并串入到电力网络中，对于现场中的载波通信来说，将不可避免地面临复杂的噪声干扰。因此载波设备的抗干扰能力是确保其正常通信的重要性能之一。

2. 接收灵敏度测试

接收灵敏度是载波设备接收性能的一项重要指标，在同等条件下，一般接收灵敏度越高，信号允许的衰减量就越大，相应的通信传输距离就越远。良好的接收灵敏度是信号远距离传输及高衰减通道下通信正常的重要保障。

3. 不同工作电源下的抄收成功率测试

载波通信设备的工作电源电压可能会随着低压电网的负荷变化及其他突变情况在某个时间段发生改变，为确保通信的正常，设备必须要满足工作电源电压在一定范围内变化而能够正常工作和通信。

4. 通信规约测试

协议标准理解不一致：各个终端厂家对相关协议标准理解不一致，造成计量自动化终端与主站之间的通信规约不统一，使得终端出现应答错误或者不应答的情况；收发时序不匹配：计量自动化终端收到主站的抄表帧命令后，未进行延时，就立即发送应答通信帧，此时终端可能还处于发送状态，等终端回到接收状态时，通信帧前部分已经丢失；通信冗错问题：有的终端未设计通信冗错处理，对计量自动化终端发送的错误帧，干扰帧等进行不正确的响应，甚至死机或飞走。计量自动化终端必须按照相关的通信规约进行通信，按照该通信规约的要求对相关设备进行规约符合性的测试。

4.6.2 通信可靠性测试实现方法

4.6.2.1 抗干扰能力测试方法

由于低压电力网络中有各种不同的用电设备，各用电设备将在不同程度上产生一定的干扰并串入到电力网络中，对于现场中的集中器和采集器载波通信来说，将不可避免面临复杂的噪声干扰。因此集中器和采集器的抗干扰能力是确保其正常通信的重要性能之一，采用运用叠加白噪声的方式对集中器和采集器的抗干扰能力进行了一定程度的测试。

在测试计量自动化的抗干扰能力中，采用在被测载波设备接收端叠加干扰源再测试载波设备的通信成功率，其测试流程如图 4-9 所示，所叠加的干扰源可分为以下两种：

1. 信号发送器产生的高斯白噪声

叠加高斯白噪声测试抗干扰能力的原理结构用载波分离器先将“被测载波通信设备”的通信信号与供电电源进行分离，再在“被测计量自动化终端”和“被测计量自动化终端进行通信的设备”之间信号通路上先加一定的衰减量（通常加入 40dB 的衰减）以对载波信号进行衰减，再在“被测载波通信设备”信号端用信号发生器叠加白噪声，调节白噪声的幅值，直到“被测计量自动化终端”和“被测计量自动化终端进行通信的设备”之间刚好能成功通信为止（抄收 30 次成功率高于 90%），再测量此时所叠加的白噪声幅值（用示波器进行测量）则此白噪声幅值可以反映出被测设备的抗干扰能力，即白噪声幅值越大则设备的抗干扰能力越强。

2. 噪声仿真器仿真的低压电力线路背景噪声

通过对不同场合（办公区、工厂区、住宿区等）和不同时间段（白天、晚上）低压电线力现场背景噪声的采集和录制，将录制的背景噪声进行分析和归类，形成一个现场背景噪声的噪声库，再从噪声库中选取相应的噪声，通过 D/A 转换、噪声放大等再耦合到“被测计量自动化终端”信号端，测试“被测计量自动化终端”和“与被测计量自动化终端进行通信的设备”之间的通信情况，从而可以在一定程度评估出“被测计量自动化终端”在不同低压电力线路背景噪声下的通信性能。图中噪声仿真器即实现将噪声库中的噪声进行 D/A 转换、噪声放大、噪声耦合等功能。为了充分测试出各“被测计量自动化终端”在低压电力线路背景噪声下的通信性能的差异性，可以将载波通信信号通过程控衰减器进行一定的衰减后再耦合低压电力线路背景噪声。

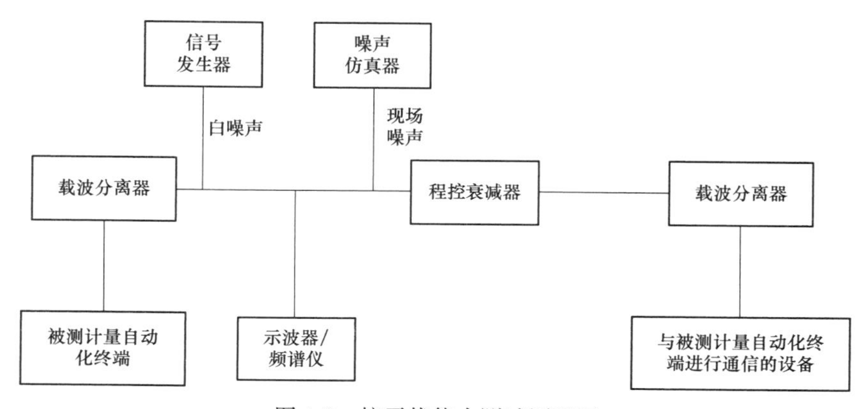

图 4-9　抗干扰能力测试原理图

4.6.2.2　接收灵敏度测试方法

计量自动化终端接收灵敏度测试原理如图 4-10 所示，用载波分离器先将“被测计量自动化终端”的通信信号与供电电源进行分离，再在“被测计量自动化终端”和“与被测计量自动化终端进行通信的设备”之间信号通路上加入程控衰减器，让“与被测计量自动化终端进行通信的设备”作为载波信号发送设备，并连续进行信号发送，“被测计量自动化终端”作为载波信号接收设备，进行信号接收。逐渐调节程控衰减器的衰减幅度，直到“被测载波通信设备”刚好能够成功接收到“与被测计量自动化终端进行通信的设备”发送的载波信号为止（抄收30次成功率高于90%）。此时记录程控衰减器的衰减量为k，用频谱仪测量“抄收30次成功率高于90%”信号幅度为X，则“被测载波通信设备”的接收灵敏度$C=\frac{X}{k}$。

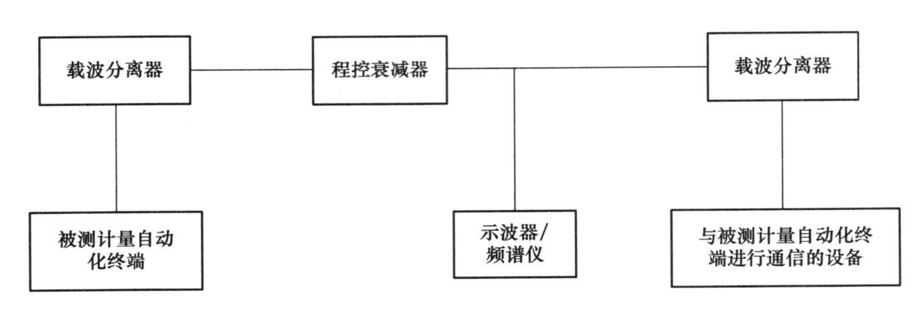

图4-10　接收灵敏度测试原理框图

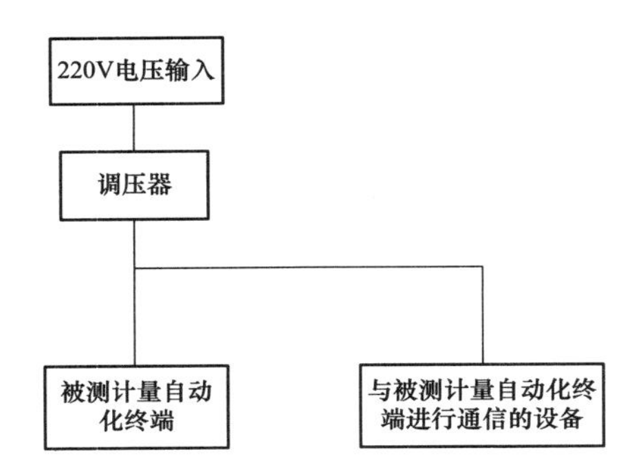

图4-11　不同工作电源下的抄收成功率测试原理框图

4.6.2.3　不同工作电源下的抄收成功率测试

通过调压器调节载波通信设备的工作电源电压，分别调到$1.2U_n$、$0.8U_n$和$0.7U_n$测试载波通信设备是否能够正常通信。载波通信设备不同工作电源下的抄收成功率测试的原理框图如图4-11所示。

4.6.2.4　规约测试

1. 测试流程

现场运行中，计量自动化终端的通信问题包括数据丢失、数据内容错误、数据延迟、数据乱序和协议标准理解不一致等。为了对终端的通信可靠性进行测试，测试流程如图4-12所示，以模拟实际运行的计量自动化终端通信状况。该测试流程中，测试装置给被检测计量自动化终端提供电源和通信连接，由装置中的通信可靠性测试系统软件根据设定的检测方案发出相应的数据帧，通过以太网将这些数据帧分发给每个被检测计量自动化终端，由系统软件根据计量自动化终端的应答情况来综合判断通信可靠性，最后得出检测结论。

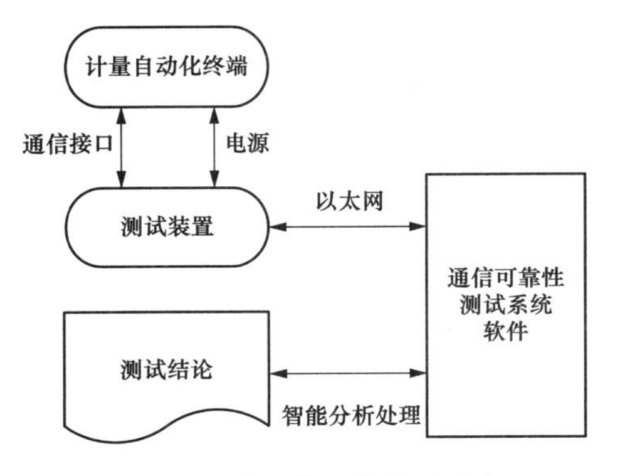

图4-12　终端通信可靠性测试流程

其中，计量自动化终端和测试装置之间的

通信接口，主要考虑以下几种方式。GPRS方式，测试装置借助公网网络进行数据传输，并通过TCP/IP协议进行数据封包，处理后的GPRS分组数据发送到GSM基站。分组数据经SGSN封装后，SGSN通过GPRS骨干网与网关支持节点GGSN进行通信。GGSN对分组数据进行相应的处理，再发送到目的网络。若分组数据是发送到另一个GPRS终端，则数据由GPRS骨干网发送到SGSN，再经BSS发送到GPRS终端。短信方式，测试装置通过GSM调制解调器与被测试终端通过短信方式通信，终端设置好短信接收的号就可以通过移动专网络转发短信到GSM接收器，测试装置再对接收到的告警信息短信解析和处理。串口方式，测试装置通过RS232/RS485与终端通信口通信，实现对终端通信可靠性的测试。

2. 多终端通信

多终端通信主要用于计量终端初次通信的调试，通信调试成功后即可进行后续的其他测试。在此调试过程中，直接通过“获取终端号”功能来获得计量自动化终端的通信地址。通过“添加”功能实现多终端同时检测。可进行单终端通信或多终端通信。添加的计量自动化终端可进行表地址、波特率、密码、密级和通信地址的更改。

3. 快速连续帧测试

“快速连续帧测试”主要测试终端对于快速连续帧的应答能力，从而判断计量自动化终端的通信应答功能，测试中终端不应出现死机或飞走。该测试建立在终端通信已成功的基础上，通过设定的规约内容实现测试项目的添加。与快速连续帧测试对应的数据帧为连续的等时间间隔的通信帧，并且通信帧间的时间间隔必须足够短以达到快速通信的效果。按照相关通信协议，帧间隔在20ms～500ms范围内选择。

4. 错误帧测试

“错误帧测试”主要测试终端对于错误帧的判断能力，对于任何的错误帧，终端都不应返回正确的应答，不应死机或飞走。

帧错误的形式有多种，例如帧起始码错误（包含了帧头第一起始码68H，帧头第二个起始码68H），控制码错误，数据标识错误，数据域长度错误，帧校验码错误，结束符错误，帧校验位错误等。错误帧可包含一个或多个上述错误。将不同错误组合形成的各种错误帧保存，编辑不同的测试方案。表4-2列出了几种错误帧，在实际测试中可根据需要，使用更多的错误组合形成测试方案。

表4-2　　错误帧示例

第一起始码	第二起始码	控制码	数据标识	数据域长度	校验码	结束符	校验位
68	68	ef	00000100	04	自动计	16	无校验
68	68	11	00000100	05	34	26	奇校验
68	68	ff	00000100	05	自动计	16	偶校验
68	28	11	00000100	05	自动计	16	偶校验
12af3468	68	11	00000100	05	自动计	16	偶校验

5. 干扰帧测试

“干扰帧测试”则是用于验证计量自动化终端在接收到的通信帧被干扰的情况下的

响应处理能力。在此功能上，主要干扰形式有帧前导字节干扰（可设置前导字节数）、结束符后干扰字节、通信延时等待、通信字节延时。施加干扰时，表计不应死机或飞走。表 4-3 列出了几种干扰帧，在实际测试中可根据需要，使用更多的干扰组合形成测试方案。

表 4-3　　干扰帧示例

前导字节	前导字节数	结束符后	通信延时	字节延时
FE	4	无	300	10
FE	2	无	300	500
FE	4	345678ef	300	10
FE	4	无	5000	0
Fe68fefe	1	无	0	0

5 电能计量自动化终端自动输送技术

电能计量自动化终端自动输送技术主要包括自动接驳技术、机器人移栽技术、自动化输送技术、机器人码垛技术、自动化仓库技术和配送技术。

5.1 自动接驳技术

电能计量自动化终端自动检测系统与传统检测方式最大区别在于自动检测系统具有自动接驳功能，即可以实现计量自动化终端端子的自动接线。自动接驳系统的关键技术主要包括终端自动压接技术和终端接线状态检测技术。

5.1.1 自动压接技术

在现在的终端检定流程中，当终端完成压接工序之后，存在着接线端子间的接线状态不良等问题，该问题的存在直接影响后续终端的正常检定，导致了一批功能正常的终端检定不合格，因此终端压接可靠性成了终端检定流程中的重要技术问题。

自导向中心定位压接机构可以在终端的自动化压接过程中，将挂载与测试工位的终端自动定位于测试工位的中心位置，这样可以保证大多数挂载于测试工位大致合理位置的终端在自动压接过程中都可以自动定位于标准位置，为下一步的终端接线端子与自动检定装置上的接线端子的良好接线奠定了基础，在很大程度上保证了接驳成功率。

自导向中心定位压接机构包括压接背板、电动缸、滑动压杆、滑动滚珠、滑动底板、测试表托等部分组成，自导向中心定位压接机构的结构如图 5-1 所示。自导向中心定位压接方法为：自动压接过程中的驱动力来源于自动化检定装置上的电动缸，电动缸控制整个压接过程，并且其压接过程的行程、力矩都可以调节，最大的压接压力也可以通过自动压接系统进行编程配置，保证在压接过程中对终端不会造成任何损坏。自导向中心定位压接机构的压表背板左右两侧分别布置了两个滑动滚珠，在终端的压接过程中，两侧可移动的滑动滚珠会在弹簧力的作用下自动进行收缩定位，保证了终端压接过程中将终端准确定位到测试表托的中间位置，进而提高了终端压接接线的成功率与准确度。

自导向中心定位压接机构的自动压接过程为：首先电动缸控制滑动压杆及上面的被测终端向下移动，移动过程中，两侧的滑动滚珠在两侧弹簧力作用下向机构的工位中心收缩，将被测终端精确定位到中心位置，通过这种中心收缩压接方式，被测终端电压、电流和辅助信号端子被压接到测试表托上，完成自动接线过程。

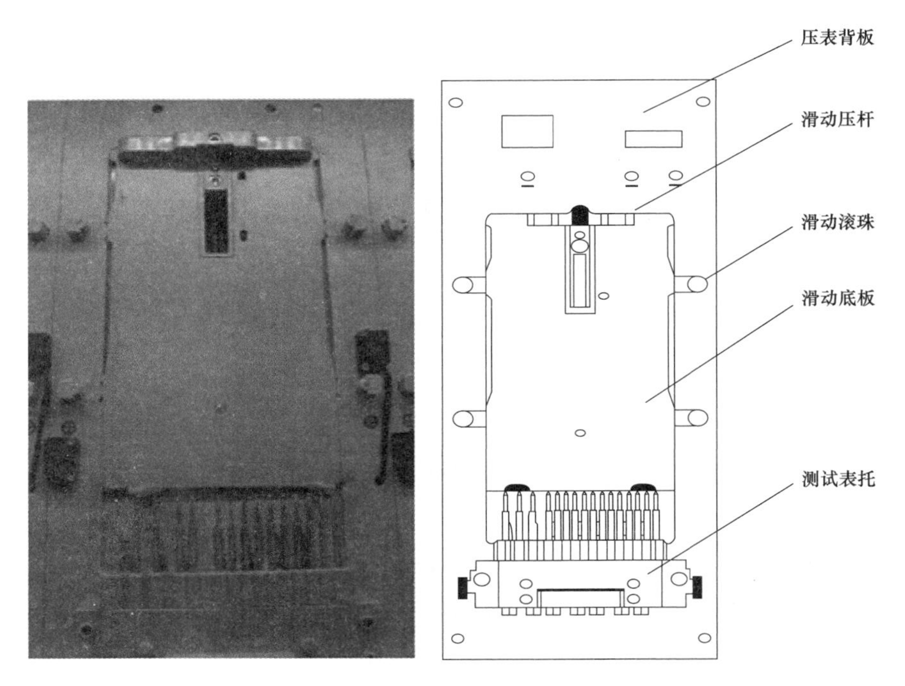

图 5-1　自导向中心定位压接机构结构图

5.1.2　接线状态检测技术

5.1.2.1　接触电阻模型构建

终端接线压接过程中使用自导向中心定位机构已经很大程度地提高了接线成功率，然而并不能完全避免接线状态不良问题，由于接线端子与终端的螺栓之间是通过硬压接触连接，再加上两者之间材料的不同，所以整个接触系统之间必定存在接触电阻，接线状态的好坏直接表现就是接触电阻的大小情况。为了解决接触电阻的问题，接线端子也经历了不同的设计，如图 5-2 所示。

最初直接采用原有的电流平头接线柱，如图 5-2（a）所示，此时压接接触电阻很大，测试时电流最大只能在 40A 稳定使用，超过 60A 的大电流时电能损耗比较大，发热量很大，无法使用。后采用弧形接线柱，如图 5-2（b）所示，这种情况，压接时可增加接线柱与接线螺丝的接触面，减少了一定的接触电阻，增大了载流量。测试时电流最大可提高到 60A 稳定使用，但是在 100A 大电流时电能损耗还是比较大，发热量也比较大，也无法使用。进一步优化端子结构，采用多面接触方式，如图 5-2（c）所示，进一步减少压接接触电阻，可以测试 100A 大电流时的

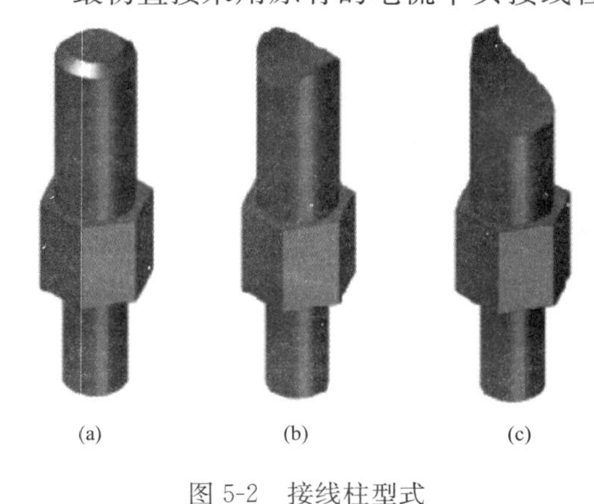

图 5-2　接线柱型式

（a）平头接线柱；（b）弧形接线柱；（c）多面接线柱

情况，满足了大电流电能表测试需求。

上述接线柱形式经历了由平头接线柱-弧形接线柱-多面接线柱的样式变化，在很大程度上减小了接触电阻，然而在一些特殊情况下，都有可能导致终端本身位置不正，虽然偏差很小，但是还是会影响接线状态，进而引起接触处的大接触电阻，所以需要仔细分析电能表接线端子处的接触电阻模型。

由电气元件组成的电气系统中，一些粗略的计算常常把导线电阻以及接触点、面之间的电阻忽略不计，以及一些对能量损耗或者数据计算不是非常严格的场合，这样的忽略是合理的，但是对于一些功耗损耗较大，电量要求精度高的情况下，这样的忽略会导致非常严重的后果。接触电阻是两个电接触的导体在接触表面之间形成的电阻。在宏观显示下，电接触的导体表面是平整光滑的，然而当在微观方面进行观察时，发现接触表面是一些微小的点接触，所以两导体之间的接触面积比宏观下所看到的接触面积要小。另外在接触表面有两种接触形式：一种是两接触金属间的直接接触，另一种是两接触物体间表面膜的接触。因为在空气中，并没有真正纯洁干净的金属表面，无论什么样的金属都会由于氧化作用而在表面形成一种膜层，性质不稳定的金属更容易在表面形成氧化膜。由于上面提到的原因，接触电阻是必然存在的，然而接触电阻受到了很多因素的影响，主要包括材料性质、接触形式、接触压力、温度以及信号频率等。

电能计量自动化终端主接线端子布局如图 5-3 所示，其中 1、3 为电源端子，端子 1 连接终端的电压输入端子和电流输入端子，端子 3 连接终端的电流输出端子。在实际的检定过程中，测试表托端子 1 提供 220V 交流电压，经过终端内部的电压线圈，然后通过终端上的地线端子 10 连接到测试表托上的地线端子 10，这是终端检定中的电压检测回路；测试表托上的端子 1 和端子 3 与终端电流输入端子与电流输出端子相连接，构成终端检定中的电流测试回路，在检定台内部具有虚拟电流源，可以提供 1A～60A 的检定电流。

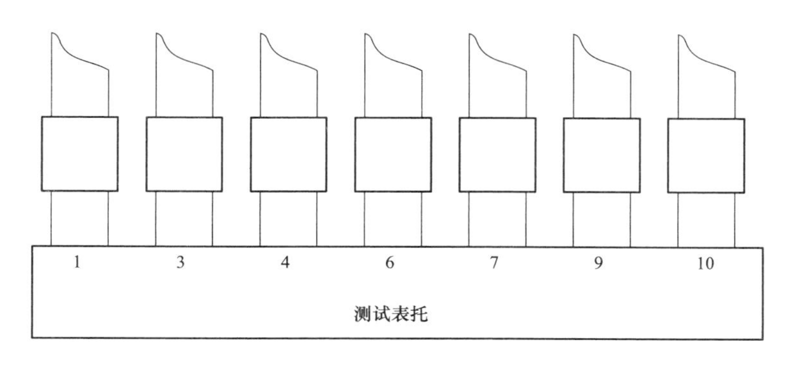

图 5-3　检定装置主接线端子

根据终端检定时端子的实际连接情况，可以将接触处的接触电阻模型进行如图 5-4 所示的简化。图（a）为电压检测回路，MV 为终端的电压线圈，V 为检定装置内部的虚拟电压源，终端与检定装置对应端子连接存在接触电阻，图示中 R1 为接线端子 1 间的接触电阻，图示中 R10 为接线端子 10 间的接触电阻；图（b）为电流检测回路，MI 为终端的电流线圈，I 为检定装置内部的虚拟电流源，终端与检定装置对应端子连接存在接触电阻，图示中 R1 为接线端子 1 间的接触电阻，图示中 R3 为接线端子 3 间的接触电阻。如果接线端子处的接线状态有问题，将会导致接触电阻过大，在电能表检定时会在接触处产生大量的能量损耗，从而导致端子发热。

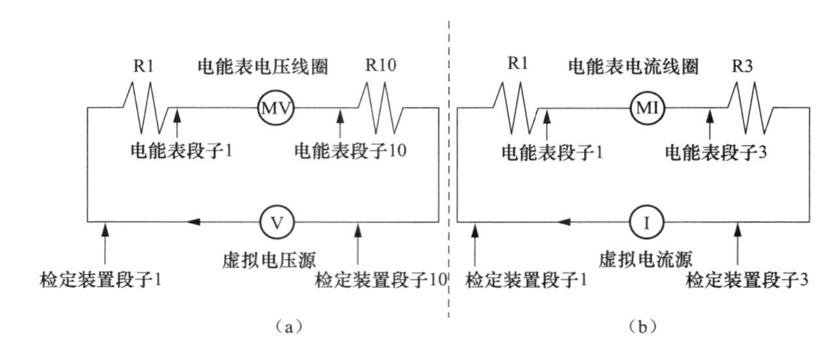

图 5-4　接触电阻简化模型

（a）电压检测回路；（b）电流检测面路

5.1.2.2　接线状态检测方案

经过上述分析，为了检测终端接线状态，可以在电压检测回路中测量终端电压线圈的分压值，也可以在电流检测回路中测量终端电流线圈中的电流值。由于前面所述的接线端子间接触电阻的存在，会导致电压线圈分压减小，电流线圈内电流减小。另外，在终端检定过程中，由于检定电流会有大电流通入的情况，所以如果接线状态异常，电流端子上温度会急剧上升，所以可以在电流端子上布置温度传感器，实时检测端子温度。通过检测终端分压、端子电流以及端子温度，然后将其与系统设定的临界阈值进行数据比较，最终对终端的接线状态做出综合判定。如图 5-5 所示为终端接线状态检测流程图。

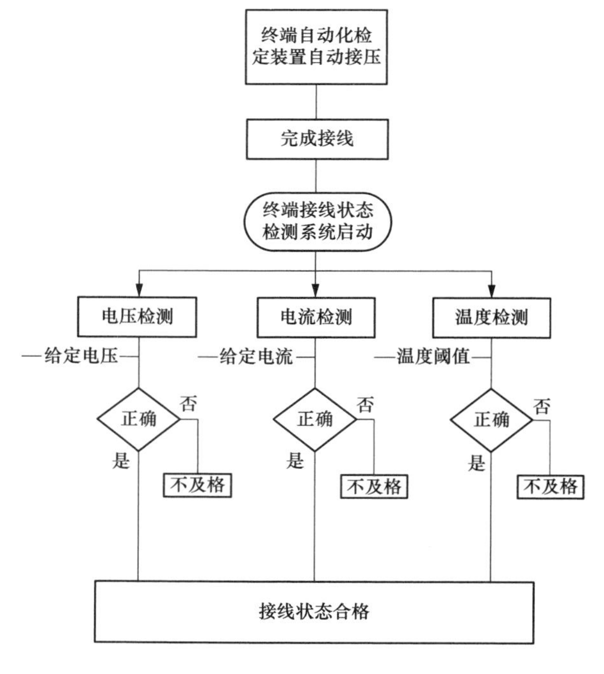

图 5-5　接线状态检测流程图

为完成电压、电流以及温度数据的采集与处理工作，设计基于微控制器的智能检测系统，通过综合数据处理分析，判定终端接线状态，然后通过通信总线将数据上传至上位机系统。所谓智能检测系统是以微控制器或微处理器为核心，由硬件与软件两大部分组成。其组成可以按照信号的流程进行划分，第一是信号的采集过程，信息采集一般是通过各种各样的传感器来实现的，因此系统前端传感器性能的好坏影响了整个检测系统的性能；第二是信号的调理过程，传感器信号输出多种多样，而最终信号要输入到控制中心进行数据处理，所以要将传感器输出信号经过滤波、放大以及调制等将其转换成信号处理设备所能接受的标准信号，这就是信号调理的过程；第三是信号的处理过程，智能化的数据处理是智能检测系统最突出的特点，系统通过软件对测量结果进行及时的在线处理，提高测量精度，获得更可靠的高质量信息，智能检测系统的数据处理包括线性化处理、算术平均值处理、数据融合处理、快速傅里叶变换等信息处理方法；第四是数据信号的传输过程，信号的传输可以通过有线和无线两种通信方式，其中有线通信又包括基于现场总线的形式和基于以太网的形式两种，两者的最大区别在于信号的传输方式和网络通信策略，无线通信主要通过蓝牙技术、射频技术、超宽带无线技术、ZigBee 技术等，利用这些技术可以实现传感器系统与总控系统的无线通信。

如图 5-6 所示，接线状态智能检测系统包括上述四个部分，第一是电压、电流和温度信号的采集，通过电压互感器和电流互感器采集电压、电流信号，通过数字温度传感器采集温度信号；第二是信号的调理过程，第一步采集的电压、电流信号为模拟信号，需要对信号基本的预处理，以适应 AD 转换模块的输入要求，所以需要进行基本的信号调理工作；第三是三种数据信号的处理，数据处理单元采用微控制器，通过编写数据处理程序，提高采集数据精度，提高数据的可靠性；第四是数据传输，根据检定系统需要，采用 RS485 通信方式，将最终处理数据传输到系统的 RS485 通信总线，实时向上位机发送检测数据信息。

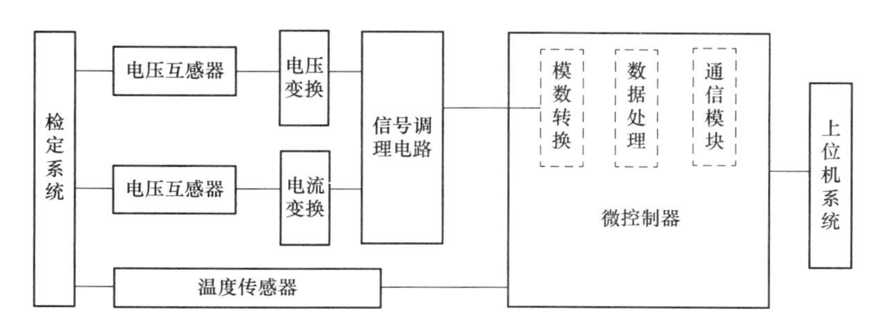

图 5-6　接线状态智能检测系统结构框图

5.2 机器人移载技术

计量自动化终端自动检测系统中，通常采用一体化机器人系统代替传统人工进行终端上下表和分拣等工作，避免工人在重复、单调的工作中出现差错，提高了工作效率。

同时，为了实现检测工作的转换，扩大机器人的工作范围，在计量自动化终端自动检测系统不得不采用机器人移载技术。

5.2.1 机器人移载技术简介

工业机器人自动化系统一般指利用市场上通用的工业机械臂为设备本体，配合相应的末端执行器组成的自动化系统，是当前应用最多的一种轻型自动化系统解决方案。

常用的机械臂具有 6 个自由度，类似于人的手臂，划分为 3 自由度的手臂部分和 3 自由度的手腕部分，可以实现工作空间中任意连续轨迹的跟踪运动。工业机械臂的主要生产商有 ABB、库卡、安川电机和发那科等，拥有工业机器人市场 60%～80%的份额。根据机械手臂的各个关节连接形式的不同，机械手臂分为串联型机械手臂、并联型机械手臂及串并联混合型机械手臂。串联机械手臂的各个关节通过连杆串联起来，这种结构的机械手臂运动空间大，并且每个运动轴可以单独运动，但是串联机械手臂如果一个关节出现问题，整个机构都不能正常工作；并联机械手臂，顾名思义，就是其运动关节采用并联的形式，并联机械手臂多用于快速作业的情形，工作时需要全部电机一起运动。在一些应用要求较高的场合，就需要应用结合串联和并联机械手臂的优点的机械结构-串并联混合机械手臂。目前，计量自动化终端自动检测系统中工业机器人一般是指串联结构的机械手臂，图 5-7 中给出了 ABB 和库卡公司的一种串联结构的机械手臂。

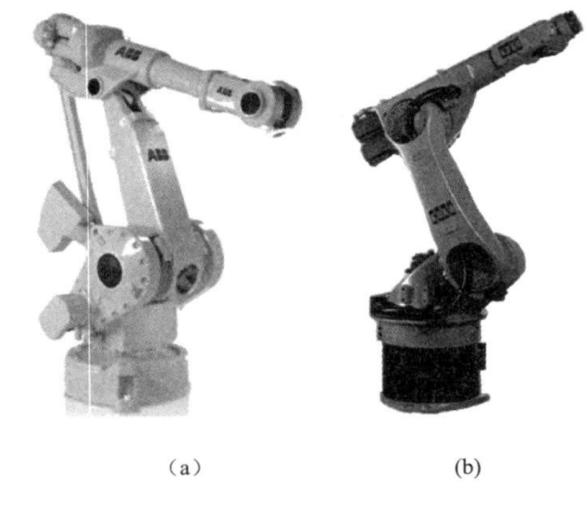

(a)　　(b)

图 5-7　串联结构的机械手臂产品

(a) ABB 公司机械手臂；(b) 库卡公司机械手臂

机器人末端执行器是安装在机器人末端的执行机构，末端执行器的功能决定了机器人的功能。计量自动化终端自动检测系统中，末端执行器主要由终端操作机构和红外通信模块组成，而终端操作机构又包括终端抓持机构、电动旋拧螺丝机构以及真空吸盘。末端执行器是安装在机器人末端的执行机构，末端执行器设计是否合理，关系到机器人能否快速稳定地完成最后的校表工作。因此，末端执行器结构功能设计不仅要考虑到实际工作环境对整个机器人的工作需求，同时还要考虑到末端执行器中终端操作机构与整个终端自动检测系统的准确对接问题。

终端抓持机构由一个驱动电机、一个齿轮、两条反向平行齿条、两组滑块以及两端夹紧条组成，如图 5-8 所示。两端夹紧条上均有粗糙面弹性聚合物（如聚氨酯）。当末端执行控制器收到机器人控制器发出的抓持终端信号时，末端执行控制器控制抓持驱动电机通过减速机带动齿轮，使得两端夹紧条在 2 条平行且反向运

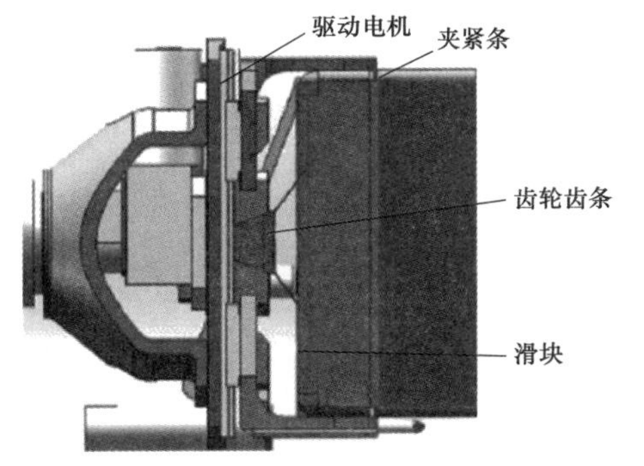

图 5-8　终端抓持机构

动的齿条带动下向中间部位合拢，直至夹住终端，电机收到反馈力矩停止工作，利用蜗轮蜗杆锁死机构夹紧终端。机械臂携带终端，依靠定位系统的指引将终端初置到检定架检定位置时，电机反转，带动齿轮反转，两条齿条反向运动松开夹紧条，将终端脱开。

工业机器人安装通常分固定安装和外部轴安装两种方式，固定安装是指将机器人底座固定安装在安装平台上，安装平台相对地面固定。外部轴安装则分为顶棚式吊装、侧墙式吊装、地面式平装三种常用的安装方式。固定式安装的优势在于机器人坐标系与世界坐标系相对固定，焊接轨迹固定，容易获得高的焊接稳定性，但是由于机器人无法移动，导致机器人活动范围很小。外部轴安装方式可以大大地扩展机器人可达空间和灵活度，但是因为增加外部轴，安装难度增加，精度也有所下降。这种安装方式适合大型的流水线工作。

在计量自动化终端自动检测系统中，主要采用外部轴安装中的地面式安装，在地面平装安装方式中，机器人运动有恒速、静止、加速、减速状态。机器人移载平台即机器人外部轴负责机器人在流水线长度方向上的工位转换，增加机器人的工作空间，常见的直线传动方式有丝杠传动、直线电机等方式。一般选择滚珠丝杠导轨移动来实现，滚珠丝杠有以下特点：

1）滚珠丝杠副发热率低、温升小以及在加工过程中对丝杠采取预拉伸并预紧的方法消除轴向间隙，因此滚珠丝杠副相比其他传动方式具有高的定位精度和可重复定位精度。

2）滚珠丝杠导轨传动机构主要由丝杠、螺母、滚珠等元件组成，可以将旋转运动转换为直线运动。滚珠丝杠导轨传动机构的传动效率比其他传动形式高。

3）因为采用滚珠循环方式磨损也比滑动丝杠要小，传动平衡并无爬行现象，与伺服电机伺服驱动器配合使用可以实现很高的位控精度。

4）由于滚珠丝杠采用滚珠—滚道接触方式，材料选择的标准化，寿命长。

5.2.2 机器人上下终端实现流程

机器人抓取待检测终端：机器人接收到控制系统发送的上料信号后，计算出待检测终端件的位置坐标，然后机器人末端由待机位置移动至料盘待检测终端的上方，机器人的上料机械爪的末端执行器松开，然后移动至待检测终端位置，上料机械爪的末端执行器夹紧，工件抓取成功后，移动至位于终端检测系统上方的等待位置。

机器人抓取终端上料：机器人在待机位置，机器人移动到终端检测系统，若此时检测系统上有已经检测完成的终端，则下料机械爪的末端执行器移动到测完成的终端上方，夹取测完成的终端，上料机械爪移动到终端检测位置的正上方，上料机械爪末端执行器松开终端，检测系统检测装置夹紧终端后，机器人再缓慢离开检测系统，此时计量自动化终端自动检测系统开始检测终端。下料机械爪将检测完成的终端放置到料盘原来位置处，上料机械爪再抓取下一个待检测的终端，抓取成功后，机器人移动到待机位置处。

机器人抓取终端下料：机器人在待机位置接收到机床的下料信号后，检测到终端检测完成信号后，机器人移动至检测系统夹具的正上方，卸料机械爪的末端执行器松开以后夹取检测完成的工件，再移动出至等待位置处，然后卸料机械爪将已经检测完成的工件放至料盘原来位置处。

根据上述机器人上下终端的流程，上下料机器人对设定的待检测终端进行不断的上下料，直至将终端全部加工完毕或者接收到系统控制系统发送的暂停信号后，机器人停止工作。

5.2.3 机器人分拣终端实现方法

5.2.3.1 分拣系统组成

如图 5-9 所示，整个分拣系统由视觉单元、机器人单元、传送带单元以及控制单元（上位机）组成。待测终端由传送带输送至分拣系统，计算机根据主站下达的检测信息判断是否有待分拣的终端，当待测终端运行到相机的视野区域内时，机器人控制系统选用合适的触发方式触发相机进行拍照，采集分拣对象的位姿信息，计算机通过一定的处理算法对实验物块进行识别、计算，获取分拣对象的分类信息和坐标信息、旋转角度后，以一定的数据格式传递给机器人控制器，机器人控制系统根据视觉系统传回的信息，控制机器人末端执行机构在合适的动作区域内进行拾取操作，把不合格的终端与合格终端区分开来，方便后续工作的进行。在系统运行过程中，相机以一定的拍摄频率进行图像采集，若工件经过视觉识别区的时间大于相机的拍照时间间隔，同一工件就会被重复拍摄。上位机根据图像获取工件信息时，需要进行去重复处理，以免在后续的机器人分拣中出现误抓现象，同时要保证不会去掉没有重复的工件信息，以免造成漏抓现象。

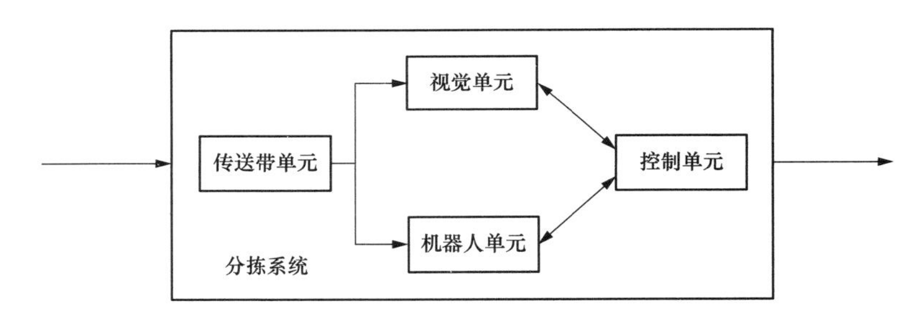

图 5-9 分拣系统构成图

5.2.3.2 分拣系统关键技术

1. 相机标定

为了使相机能够获取精确的分拣对象的位姿信息，需要对相机进行标定。标定是确定摄像机内部参数相对于世界坐标系的方位，校正镜头的畸变。相机标定的方法有两种：基于标定物的方法和自标定方法。自标定方法主要是利用相机运动的约束，通过场景中的平行或正交信息进行相机标定。典型的基于标定物的标定方法有：直接线性变换法，Tsai 两步法和应用比较广泛的张友正平面标定法。

2. 图像去重复算法

为了避免在后续抓取过程中漏抓现象的出现，要保证待测终端经过相机视野的时间要大于相机的拍照时间间隔，这样就会使同一工件被重复拍摄，因此需要一种图像去重复算法来使控制器对获取的图像信息进行去重复操作处理，以免在分拣中出现误抓现象。

假设相机视野及机器人操作区域如图 5-10 所示。

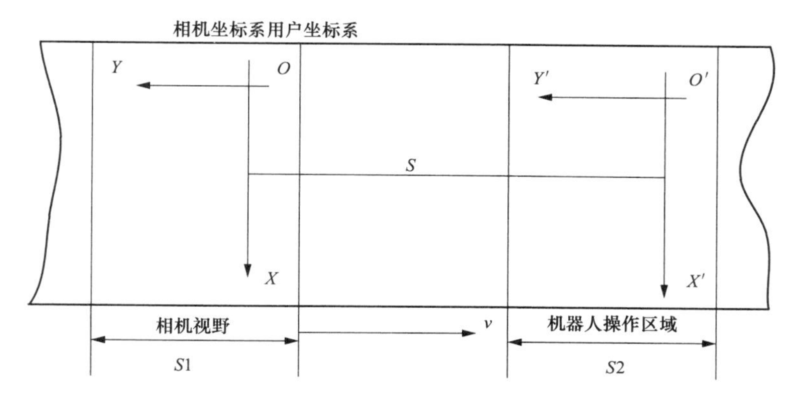

图 5-10　相机视野及机器人操作区域

为了保证待分拣的工件都能够被相机捕捉并被图像处理过程识别出来，传送带的运行速率 v 和相机的拍照频率 f 之间需要满足如下的关系：

$$S \times f - v > 0 \tag{5-1}$$

式中：S 为相机坐标系与机器人操作区域的用户坐标系的距离。

图 5-10 中，记录此时相机视野内的标定板在传送带位置的编码器值 a，编码器用于记录传送带位置，且编码器的安装一定要和传送带的滚筒同轴，并保证不出现打滑现象。接下来启动传送带，将标定板运动到并联机器人末端执行机构能够方便到达的区域，固定好后，再记录此时传送带位置的编码器值 b。之后，操作机器人建立用户坐标系，要保证用户坐标系的原点坐标及 X、Y 轴与之前视觉系统在标定板上选取的坐标完全重合。这时，系统就建立起了视觉坐标系和用户坐标系之间的对应关系。

$$\begin{cases} y' = y - S + vt \\ x' = x \\ z = -H \end{cases} \tag{5-2}$$

式中：S 为 b 与 a 的差值。建立好坐标转换关系后，为了保证机器人末端执行机构可以准确地抓取对象，采用（t，x）坐标来唯一的表示一个终端的坐标信息。

假设相机对某个终端初次采集到的平面坐标信息为（x，y），当前的时刻为 t，选取机器人操作区域的坐标系中的 x 轴为参考位置。这样当工件到达该参考位置的时间为 t_1，t_1 可以作为后续动态抓取过程的计算参数，减少了计算量。

$$t_1 = t + \frac{S - y}{v} \tag{5-3}$$

下一次拍照的时刻 t' 满足下式关系：

$$t' = t + \frac{1}{f} \tag{5-4}$$

此时刻工件到达参考位置的时间 t_1 为：

$$t_1' = t' + \frac{S - y'}{v} \tag{5-5}$$

其中 y' 为此时刻工件在 y 方向的坐标信息：

$$y' = y + \frac{v}{f} \tag{5-6}$$

联立式（5-3）～式（5-6）可得 $t_1' = t_1$ 。

因此对于同一工件来说，其到达前方参考位置的时刻是固定不变的，因此时间坐标可以区分 Y 坐标不同的工件。同时，同一个工件在不同时刻的、坐标是不变的，因此我们可以用（t,x）劝作为一组可以区分图像中各工件的坐标。经采集并去掉重复信息之后的工件信息将按照顺序进行存储，机器人按序进行分拣。

3. 视觉提取过程

视觉系统的最终任务是将分拣对象的位姿信息以及种类信息传递给机器人控制系统，由于本系统面向传送带上平面物体的分拣，因此分拣对象的位姿信息由平面坐标和平面旋转角度构成。如图 5-11 所示。

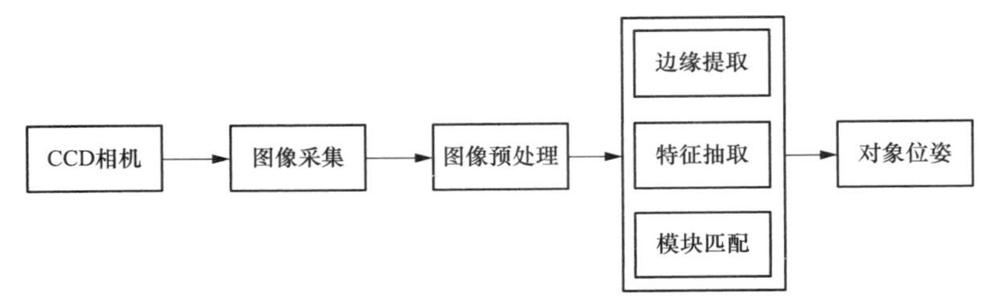

图 5-11　视觉系统工作流程

1）图像采集。将数字图像数据采集到计算机中的过程，每隔一段时间对进入视野内的物体进行拍照，采集后将数字图像数据交给计算机进行处理。

2）图像预处理。为了减少后续算法的复杂度和提高计算机的处理效率，图像的预处理是必不可少的。预处理是图像自动识别系统中非常重要的一步，它的好坏直接影响图像识别的效果。由于工业生产环境经常会受到光照强度、空气中的漂浮物、镜头周围灰尘的影响，采集到的图像往往会包含噪声，因此，图像预处理的目的就是去除图像中的噪声，得到清晰的图像，以便后续处理过程中提取正确的图像特征。

3）特征提取。在对终端进行识别分类时，特征的提取和选择对系统识别分类的准确性有很大的影响，特征是一个物能够区别于其他物体所具有的某方面性质的抽象。而边缘信息是图像最重要的特征之一，它对光照等噪声具有较好的适应性。因此针对工业生产环境中光照强度、空气漂浮物及镜头灰尘对生产过程造成的影响，我们采用边缘作为图像的特征，同时，基于边缘特征的模板匹配也减少了计算机需要处理的数据数量。边缘提取的效果直接关系到后续图像处理过程中的分类和识别过程。常见的边缘提取方法主要有 Roberts 算子、Prewitt 算子、Log 算子及 Canny 算子等。

4）图像识别。提取图像特征之后，便要对其进行分类识别。识别分类的过程实质上是将特征向量映射到类型空间，获得识别分类的结果。

5）获取工件位姿。视觉系统完成上述匹配过程后，要获取满足要求的匹配对象的位姿信息，为了对目标对象进行准确抓取，要获取目标物体的中心坐标。由于实际的工业生产过程中待分拣的对象不一定都是规则形状，因此我们常常通过寻找目标对象的最小面积外接矩形来获取目标对象的中心坐标，之后类比质心原理计算出工件的质心坐标。

5.3 自动化传输技术

计量自动化终端自动化检测流水线的输送系统负责将待检定的终端通过托盘按照业务流程，运送到自动外观检查、耐压试验、基本误差等常规功能检定、检定合格及不合格的终端分拣、密钥下发以及施封等功能环节的各工位进行检定，同时输送系统还负责将检定合格的终端输送到合格表仓库，将检定不合格的终端运送到复检流程环节或输送到不合格表仓库。传输系统是自动化检测流水线重要组成部分，自动化检测流水线的传输系统一般由上百条传送轨道、动力单元和其他部件组合而成。一般每条输送带的长度从 1m 到 30m 不等。目前常用的自动化输送技术包括带式输送技术和辊式输送技术。

5.3.1 带式输送技术

随着带式输送机控制技术快速发展，带式输送机成为优化设计终端自动化检定系统的重要工具。带式输送机作为一种连续输送设备，主要用于碎散物料、成件物品的输送，是当代最为得力的输送设备之一，被广泛应用在煤炭、冶金、电力等领域。

5.3.1.1 带式输送机的总体结构

如图 5-13 所示，带式输送机主要由输送带、托辊、驱动装置（包括传动滚筒）、机架、拉紧装置和清扫装置组成。驱动装置驱动传动滚筒通过传动滚筒与输送带之间的摩擦力带动输送带连续运行。带式输送机是以输送带作为牵引，在输送带运动过程中通过摩擦驱动，承载物料连续运输的机械。该设备是由闭环输送带、驱动电机、托辊、改向滚筒、拉紧装置及其设备机身构成的机电系统。其中，驱动电机作为核心部件为输送带提供所需要的牵引力，托辊作为支撑单元主要作用是支撑输送皮带及其物料并且减小皮带的扰度，改向滚筒为皮带的导向单元，拉紧装置则作用于输送带使其保持紧绷。

图 5-12　带式输送机实物图

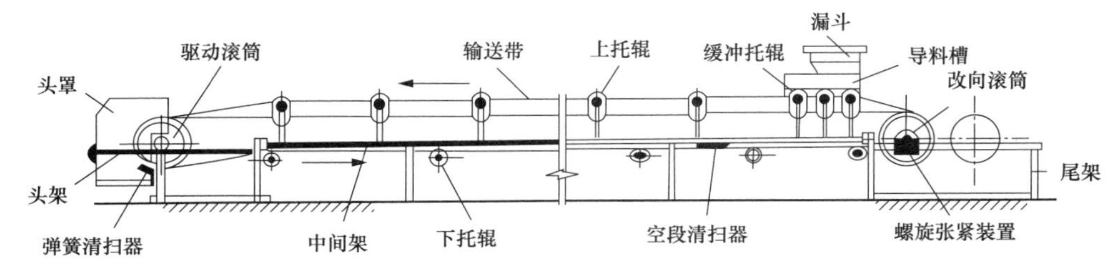

图 5-13　带式输送机结构图

输送带：常用的有橡胶带和塑料带两种。橡胶带适用于工作环境温度－15℃～40℃之间。向上输送散粒料的倾角 12°～24°。对于大倾角输送可用裙边带。塑料带具有耐油、酸、碱等优点，带式输送机的主要技术参数是带宽。输送带的起动需要克服各种运行阻力，尽管在起动过程中可以控制驱动装置的起动速度，但该过程中输送带的运动是不能直接传递的。而是通过滚筒与输送带之间的粘弹性质和摩擦力作用，逐渐地将牵引力和速度传递给整个输送带上。

托辊：有四大种，分为缓冲托辊、调心托辊、平形托辊、槽形托辊。其中，为了减小物料对输送带的冲击力作用，将缓冲托辊装在受料处；调心托辊的作用是避免跑偏，调整输送带的横向位置；而作为承载分支，槽形托辊用以输送散粒物料。

张紧装置：其作用是可以让输送带达到必要的张力，以免在驱动滚筒上打滑，并使输送带在托辊间的挠度保证在规定范围内。包含螺旋张紧装置、重锤张紧装置、车式拉紧装置。

滚筒：滚筒是带式输送机的最重要部件，由滚筒轴、轴承座、轮毂、幅板和筒壳等部件组成，如图 5-14 所示。根据在输送机中所起的作用，滚筒可分为传动滚筒和改向滚筒。传动滚筒是通过动力设备和传动设备将扭矩传递到滚筒上，再通过滚筒和输送带之间的摩擦力将动力传递到输送带上。按照传递动力设备的组数，进一步可分为单端驱动和双端驱动滚筒。改向滚筒的用途很多，包括用于输送带在输送机端部的改向滚筒、增加传动滚筒包角的导向滚筒、拉紧滚筒等。改向滚筒只改变输送带的方向，对输送带不施加动力。

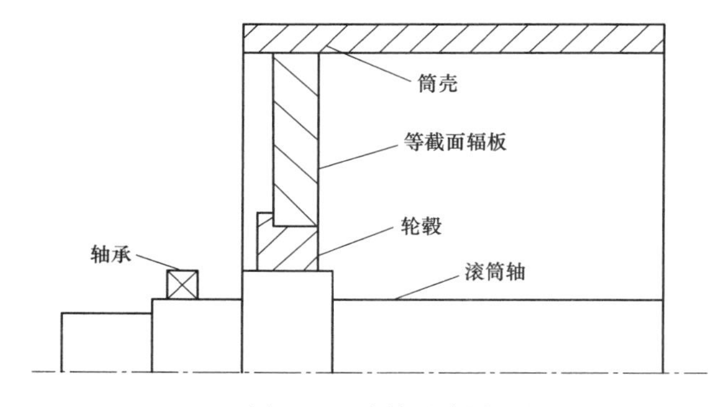

图 5-14　滚筒示意图

5.3.1.2　带式输送机的工作原理

两端滚筒经胶带环绕，然后再用胶带卡子或硫化方法，将两端连接在一起，使之成为闭环结构。上、下托辊支承着胶带，再将胶带拉紧，拉紧之后胶带具有一定的张力。

当电动机把主动滚筒带动而旋转时，利用主动滚筒与胶带之间的摩擦力带着胶带连续运转，最后从滚筒处卸载装到胶带上的货载。

带式输送机的传动原理特点如下。

(1) 通过传动滚筒与胶带之间的摩擦力来获得胶带输送机的牵引力，因此必须用拉紧装置将胶拉紧，使得在传筒滚筒分离处的胶带具有一定的初张力。

(2) 输送带与物料在托辊上一起运动。输送带即作为牵引机构，也是承载机构。

由于输送带与物料间没有相对运动，因此消除了运动过程中输送带与物料之间的摩擦阻力。对于带式输送机而言，传递能力的大小，取决于输送带本身的张力和输送带在传动滚筒上的围包角，以及输送带与传动滚筒之间的摩擦系数。而提高牵引力的传递能力可从以下几方面入手。

1）增大拉紧力（初张力）。胶带输送机在运行中，胶带要伸长，造成牵引力下降，所以要根据情况，利用拉紧装置适当地将胶带拉紧，增大胶带张力，以提高牵引力。

2）增大摩擦系数。其具体措施是：保护好传动滚筒上覆盖的木衬或橡胶等衬垫，以增大摩擦系数，另一方面要少出水煤，预防摩擦系数减少。

3）增加围包角。井下胶带输送机由于工作条件差，所需牵引力大，故多采用双滚筒传动，以增大围包角。

5.3.2 辊子输送技术

辊子输送技术在当今自动化生产过程中的运用已经十分广泛，本节主要介绍在电能计量自动化终端自动检测流水线上应用的辊子输送机。

5.3.2.1 辊子输送机原理

辊子输送机的结构组成主要包括辊子、支撑架和传动部分。动力式辊子输送机的运行是由电机等驱动装置提供的驱动力经传动部分传递给辊子，辊子转动后带动其支承的物体运动而实现的。辊子在这个过程中既起到承载的作用，也起到牵引的作用。

图 5-15 辊子输送机实物图

5.3.2.2 辊子输送机的结构形式与分类

1. 按输送方式分类

辊子输送机按传动方式分类可分为动力式和无动力式两种。

无动力式辊子输送机自身没有动力装置，物品依靠人力、重力或外部装置推拉移动。按布置方式分水平和倾斜两种。水平布置的无动力式辊子输送机输送物件依靠人力或外部装置。倾斜布置的辊子输送机即重力式辊子输送机，物件自身的重力即为输送动力。动力式辊子输送机主要有链传动、带传动和齿轮传动三种。积放式辊子输送机是一类允许物件在辊子输送机上停止和积存的一种特殊的动力式辊子输送机。相比一般的动力式辊子输送机，它的要求更高，结构更为复杂。常用的积放式辊子输送机有限力式和触点控制式两种。

2. 按布置方式分类

按布置方式的不同，辊子输送机有直线段和曲线段之分，辊子输送机的直线段和曲线段均可作水平或微倾斜布置。

3. 按辊子形状分类

辊子输送机按辊子的形式可分为以下几种类型：

圆柱形辊子这种辊子是最基本的一种辊子。一般用作辊子输送机线路的直线段。也可用作圆弧段。圆锥形辊子这种辊子用于辊子输送机的圆弧段。滚轮（边辊）输送机的边辊沿机架两侧布置，输送机中间部位可以布置其他设备，适于输送底部刚度大的物品。短辊结构轻便，可以作为辊子输送机的直线段和圆弧段。

4. 按辊子支承方式分类

输送机的辊子按支承方式的不同分为定轴式和转轴式两种。

在结构上，辊子输送机基本都是由辊子、机架，驱动装置和辅助装置组成（只介绍直线式长辊输送机）。在实际使用过程中，通常将输送机分成直线段、曲线段、辅助装置，在使用时根据实际需要把它们组合起来，即可获得各种不同尺寸和不同形制的辊输送机，这是辊子输送机的一大优点。

（1）辊子。

辊子的辊皮一般使用的材料是无缝钢管，辊皮两端装有轴承座，轴承座与轴间装有滚动轴承，辊子轴两端留有轴头，用来固定在机架上。也有另一种结构，即辊皮和轴固联在一起，辊子轴两端使用滚动轴承和轴承座安装在支架上。辊子的主要参数还包括：直径、长度、辊皮厚度，允许载荷、辊子总质量、辊子转动部分质量。

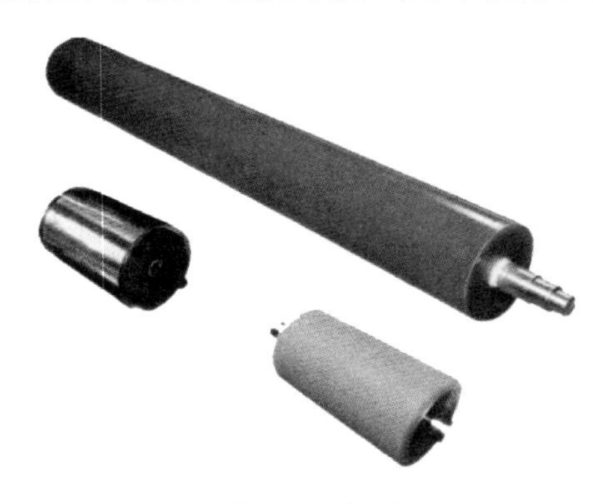

图 5-16　辊子

（2）机架。辊子输送机的机架基本上由横梁和支腿两部分组成。横梁多采用型钢或是钢板弯折件制成。推荐使用的横梁的长度（即机架的长度）系列为 1000，1500 和 3000，曲线段推荐使用的转弯角度 30°和 90°。横梁型钢一般有角钢和槽钢，当辊子直径为：ϕ73（ϕ76）、ϕ85（ϕ89）、ϕ105（ϕ108）时，常使用不等边角钢。辊子直径为 ϕ130（ϕ133）、ϕ155（ϕ159）时常采用槽钢。

不等边角钢一般长边直立在机架内侧，用来安装辊子。并在长边上交替开槽和孔，两根横梁槽孔交错布置。槽钢一般在翼缘板上开孔，横梁直立安装，辊子装在横梁顶上。横梁槽和孔的间距由辊子节距确定。

支腿一般采用型钢组焊件，钢板弯折件组焊而成。支腿顶和横梁连接，连接方式多使用螺栓组；底部有地脚支撑在地面上，也可以直接固接在地面上。按用途支腿可分为对接支腿、中间支腿、固定支腿和可伸缩支腿。两标准段机架间采用对接支腿，其余部分用中间支腿；固定支腿适用于水平布置的辊子输送机。支腿的高度（决定了辊子输送机的高度）基本没有特别的限制，推荐使用辊子输送机的高度系列为：400，500，650，800。可伸缩支腿的高度可以调节，上端与机架铰接，适用于倾斜布置的轻型辊子输送机。支腿间距会影响到横梁的刚度，横梁挠度应小于（1/1000，1/1500）L。

（3）驱动装置。辊子输送机辊子的驱动方式有两种：单独驱动、成组驱动。目前多采用成组驱动，基本都是使用旋转电机与减速器组合，再通过传动机构驱动辊子转动。

1）链条传动。有单链传动和双链传动两种。两种方式都在每个辊子装有相同的链轮，不同的是单链使用单链轮，所有链轮使用一根链条共同驱动。而双链使用双链轮，链条只链接相邻两个辊子的对应位置的一对链轮，没被链接的链轮用于和下一个辊子对应位置的链轮配对链接。这样链条和一对对链轮采用交替组合的方式前进。当第一个链轮被带动时，其余的链轮会被依次带动，最终实现成组驱动。

2）齿轮传动。辊子输送机的齿轮传动一般有两种方式：第一种方式使用的是圆锥齿轮，它为每个辊子配置了一对圆锥齿轮，一个固接在辊子或辊子轴上，另一个固接在一根贯穿机体的传动轴上。传动轴的转动会带动所有装有圆锥齿轮对的辊子转动；第二种方式使用圆柱齿轮，这种方式在每个辊子上都有一个圆柱齿轮，同时在两个辊子间会有一个圆柱齿轮，作为中间传动轮，这样的话第一个辊子转动会一次带动所有的辊子转动，并且保证所有的辊子都朝同一方向旋转，达到输送物品的目的。

3）带传动。带传动的方式比较多，常见的有以下几种：①三角带，使用三角带的传动方式类似于双链传动，不同的是它将链条换成了三角带，相比较而言，它比使用链条的本要低，但同时承载力要小。②平带传动，将一条薄的宽平带至于辊子组的下侧，平带直接贴合在辊子表面，利用静摩擦力拖动辊子转动，它的核心问题在于平带和辊子之间要保证有足够的贴合力，为此特别平带的下侧加装了一层辊子，利用这层辊子来保证平带和上层辊子的贴合。除此之外还有一层辊子用来支撑回程平带。物品的传送方向和平带的运动方向相反。③V 形带，V 形带传动类似于平带，不同的是它将保证带与辊子贴合的辊子组换成了带轮组。④O 形带，O 形带的传动方式更接近于锥齿轮传动方式，同样是使用一根主传动轴和成组的带轮对实现传动，不过通常在辊子上没有专门的带轮，而是直接在辊皮上开槽代替。对于轻载场合，对辊子输送机来讲，O 形带传动是一种非常理想的传动方式。

（4）辅助装置。辊子输送机为了满足实际中不同的输送要求，需要为其配置各种各样的辅助装置。

1）垂直转运装置。当两条传输线在水平面上垂直交叉时，需要使用垂直转运装置，以保证两条线路的货件都能顺利通过交叉口。

2）平行转运装置。用于实现两列平行的传输线间货件的传递。常见的装置是转运小车。

3）上下转运装置。用于高度不同的两条传输线间货件的传递。

4）岔道转运。主要用于货件需要分流的节点。常见的有固定式岔道、活动式岔道。

5）活动辊道。用以方便人员横向穿过辊子输送机。

5.3.2.3 辊子输送机平面转弯的实现方法

辊子输送机要实现平面转弯，一般要在转弯部位布置转载装置，通过机械装置的转载来替代人工转载，使被运送的物体从一个方向的辊子输送机输送到另一个方向上。如今，转载装置的类型进过逐渐发展也在不断地丰富。

实现平面转弯的重点在于如何设计转载装置，目前，人们已经设计出许多形式的转载装置，其中包括侧推式转载装置、高架扫刮式转载装置、转臂式转载装置、链条带动式转载装置、回转台、圆弧曲线形弯道等。在终端自动化检测流水线中常使用的转载装置有回转台、侧推机构、圆弧曲线形弯道等，下面将重点介绍这三种转弯形式。

1. 回转台式

回转台式是在转弯处单独布置的用于实现转弯的机构，不仅起到输送物体的作用，同时还能实现运动换向的功能，其结构示意图如图 5-17 所示。输送结构部分与非转弯段的辊子输送机结构相同。为实现平面转弯，一般将其输送部分固定在转台上，转台上设计有实现转动的装置。

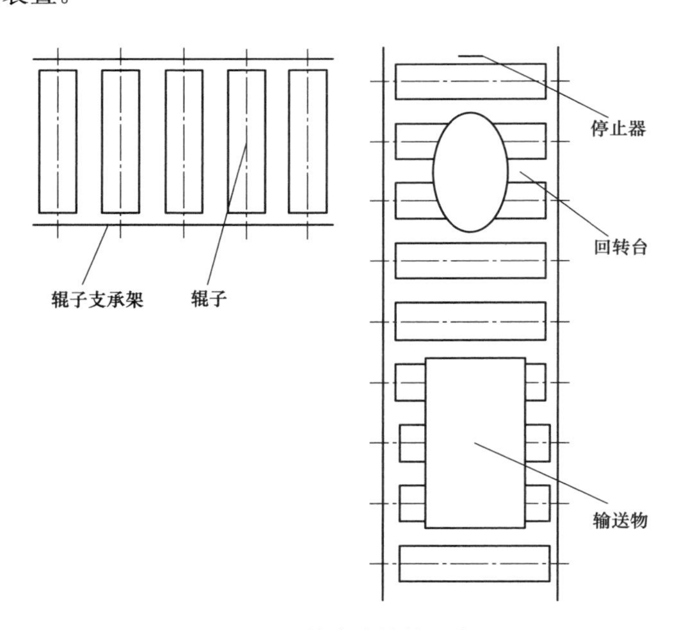

图 5-17　回转台式结构示意图

工作过程：物体 1 从输送机运动到回转台上后，回转台上的停止器限制物体运动，通过转台下的电机驱动转台和物体同时转动，实现输送方向的改变；然后，停止器放行回转台上的物体，使物体沿另一方向输送。

回转台式转弯结构设计简单，运输过程相对较平稳，且实现双向运输，适合运输产品的种类多。此外，由于回转台旋转需要额外配置电机等驱动装置，因此制造成本相对增加；转弯过程需要停顿，使得转载过程时间增加；为保证其转弯位置准确，其现场安装调试相对比较麻烦。

2. 侧推式

侧推式的弯道是在交汇处两方向的直线输送机直接拼接，转弯交汇处的外侧安放推力机构，其结构示意图如图 5-18 所示。推力过程通常采用气缸实现，推动输送机上的物体向另一个方向运动。

工作过程：物体输送到转弯位置时，由停止装置限制其位置，然后推力机构推动物体到另一方向的输送机上，从而实现换向。

该结构的转弯辅助装置是独立于辊道线安装的，安装相对方便；侧推动作一般采用气缸驱动等即可实现，因此成本相对较低；同时，其也可以实现双向输送。此外，其与回转式结构在运输过程一样存在停顿，输送效率较低；在转弯过程相对回转式较不稳定。

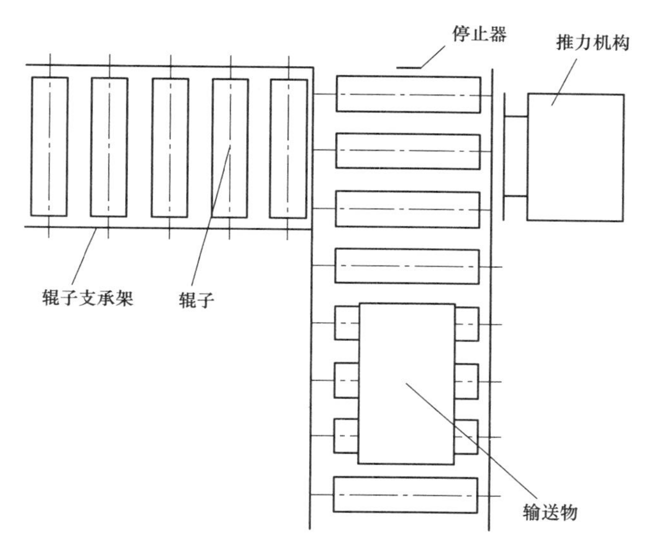

图 5-18　侧推式结构示意图

3. 圆弧曲线形弯道

圆弧曲线式弯道的结构不同于回转台结构，它通过在输送机两方向的连接处设置圆弧弯道，让运送的物体实现自然转弯，其结构示意图如图 5-19 所示。这种弯道结构不需要其他辅助装置，是在直线辊子输送机机构上的改进。

工作过程：物体从直线辊子输送机运动到圆弧曲线转弯处时，辊子驱动物体实现自然转弯。

圆弧曲线式弯道部分一般采用圆锥辊子驱动，安装时圆锥辊子的圆锥面必须要处于水平状态，以保证与输送物接触，从而驱动其转弯运动。在设计这种结构时，对其传动动系统及位置精度的要求很高，相对制造加工成本也高。但是，这种结构的运输过程不存在停顿，输送效率较高。

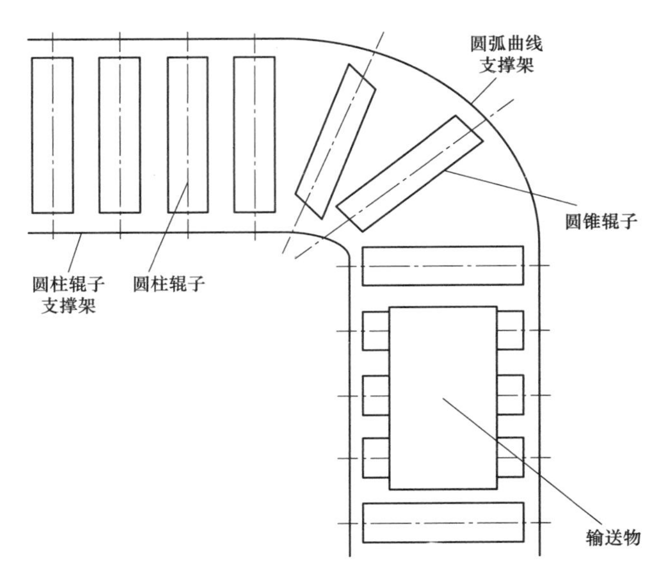

图 5-19　圆弧曲线式弯道示意图

5.4　机器人码垛技术

5.4.1　码垛机器人的分类

近年来，机器人码垛技术发展甚为迅猛，这种发展趋势是和当今制造领域出现的多品种少批量的发展趋势相适应的，机器人码垛机以其柔性工作能力和小占地面积，能够同时处理多种物料和码垛多个料垛，越来越受到广大用户的青睐并迅速占据码垛市场。根据机械结构的不同，机器人码垛机包括如下三种形式：笛卡耳式、旋转关节式和龙门起重架式。

笛卡耳式机器人码垛机，主要由四部分组成：立柱、X 向臂、Y 向臂和抓手，以四个自由度（包括三个移动关节和一个旋转关节）完成对物料的码垛。这种形式的码垛机构造简单，机体刚性较强，可搬重量较大，适用于较重物料的码垛。

旋转关节式机器人码垛机绕机身旋转，包括四个旋转关节：腰关节、肩关节、肘关节和腕关节。这种形式的码垛机是通过示教的方式实现编程的，即操作员手持示教盒，控制机器人按规定的动作而运动，于是运动过程便存储在存储器中，以后自动运行时可以再现这一运动过程。这种机器人机身小而动作范围大，可同时进行一个或几个托盘的同时码垛，能够灵活机动地对应进行多种产品生产线的工作。通过将机器人手臂装在龙门起重架上形成了龙门架式机器人码垛机，这种码垛机具有较大的工作范围，能够抓取较重的物料。

高度柔性是机器人码垛机的一个基本特征，然而，机器人也在向着高速化和高载化方向发展。1998 年，ABB 公司推出了名叫 Speed 的双轴机器人码垛机，这种码垛机能够实现对包、盘、箱的码垛，具有高达 70 周期/min 的吞吐量。同年，FANUC Robotics

Limited 推出了型号为 M410i-HW 机器人码垛机，这种码垛机具有重达 250kg 的抓取载荷，能够一次抓取 4～6 件的物料。

5.4.2 机器人码垛关键技术

基于机器视觉的机器人码垛中的关键技术包括码垛机器人机器视觉系统标定算法、码垛算法、离线编程技术、相机标定、图像采集、特征提取和匹配等。

机器视觉系统标定的方法。机器视觉系统指由图形采集仪器把要码垛的产品处理为图形信息，这些信息由图像处理系统进行处理，得到要码垛对象的结构参数，由图像要素的位置与明暗、色彩等数据转换为非模拟信息，图像系统分析所得数据以获得操作对象的特征，再由分析的结论实现对仪器的操控。

码垛机器人要在实现产品搬运作业任务，落实机器人和其所处的环境是关键的问题之一，通过视觉程序来表达和辨别操作对象。首先要进行相机标定，确定各个模块之间的相互位置关系，然后由工业相机对工件进行图像采集，接着由软件对采集到的数字图像进行分析处理，利用其特征对产品进行识别，计算出产品的几何中心坐标，再利用坐标变换得到产品的空间位置，最后引导机器人完成产品的分类、抓取和搬运。

5.4.2.1 自由码垛方法

对于实际生产，要求产品都置于一指定的地点，这样就必须详细思考产品在指点地点上的布置方式。

对实际生产管理系统由实际的存货量，通知上位机要搬运产品的类别与多少。上位机一旦获得指令，就会设计产品的布置方式，以自由码垛的方法，通知管理软件左右的产品布置方案，管理软件执行该方案，按顺序布置好产品，产品到达指定地点，上位机由已确定的最优布置方案把产品码放于指定地点。

码垛的方法有以下的规律：相同产品放于相同位置，这可以提高搬运的速度；优先安排大件产品的摆放；优先布置价值高的产品；尽量以最优的方案来放置产品：必须考虑夹手与要码垛的产品相适应。

5.4.2.2 机器人离线编程技术

机器人离线编程技术与机器人示教功能不同，前者用程序来操纵机器人的动作，使用上位机代码与运行该代码以操纵机器人的动作，从而使操作员的操作变得简单，同时使系统工作更加可靠。故实际生产选择离线编程技术来操纵机器人的动作，操作的难度低，使系统更加稳定与可靠。

5.4.2.3 相机标定

相机标定是码垛机器人视觉系统开发的重要技术，相机标定是为了建立物体在空间中的位置和相机拍摄的图像像素坐标之间的对应关系。图像上每一点的位置和实际物体对应点的空间坐标有关，此坐标联系取决于相机成像的几何模型。该模型的参数必须通过实验和计算的方法来确定，相机标定就是指该实验和计算的过程。相机标定的方法主要分为传统工业相机标定法和工业相机自标定法。一般的标定法只需在静止的场景中移动相机，拍摄至少2张不同角度相片并根据图像点之间的对应关系定出相机的内、外参数，尽管这种方法很方便，但由于需要标定的指标繁琐，因而使机器人动作准确度下降。

相机标定的水平在很大程度上影响系统的准确度，同时也对图像匹配和立体再建模有较大影响。

5.4.2.4 图像采集、特征提取和匹配

图像获取是机器人感知外界环境的一部分，要分析视点的不同、采光水平、相机特点和作业环境等多个方面以利于立体计算。

5.4.3 码垛机器人在流水线中应用

码垛机器人技术在计量自动化终端自动化检测流水线中的应用，主要表现在以下几个方面：

(1) 一机多产品。这种情况是指一台机器人码垛机处理一条检测流水线，这条生产线可以经常变换不同的计量终端。

(2) 一机多盘。这种情况是指机器人码垛机在工作时同时向若干个托盘垛料，托盘分布包括两种情况，一是圆周分布，二是两侧并排分布，这种分布用于空间受限的情况，码垛机抓起物料，通过运输车，将物料送往相应的托盘上。不管是第一种情况还是第二种情况，既可以处理同一种物料，也可以处理不同的物料，在对不同物料进行处理时，首先必须对到来的物料进行识别，然后，码垛机根据识别信息将物料送往相应的托盘上。

(3) 一机多线。这种情况是指由一台码垛机为多条检测流水线服务，由于要求码垛机的活动空间比较大，常常采用龙门架式机器人码垛机，当然，对于两线的情况，如果两线距离较近，也可采用旋转关节式机器人码垛机。这种情况常常用于混合码垛的情况，所谓混合码垛，是指根据用户定单，将不同物料堆放在同一托盘上。

(4) 卸垛与码垛。这种情况是指将两个以上的匀质物垛进行卸垛，然后将卸下的物料码垛在另一个托盘上，以满足用户的要求，由于要求机器人具有较大的活动空间，这种情况一般要求采用龙门架式机器人码垛机。

随着机器人码垛技术的研究开发的深化，一些性能优良的机器人码垛软件被开发出来，大大简化了用户的具体编程。ABB公司在开发具有1200周期/h，160kg抓取载荷的名叫FlexPalletizer IRB640码垛机器人的同时，也开发出了名叫PalletWare的码垛软件和名叫PalletWizard的软件工具，为了有效工作，它们应当一起使用。在具体编程时，操作者无需具备专业的编程知识，只需将有关的具体要求（例如：每垛层数、每层的码垛模式、抓放操作方式、物料尺寸信息、托盘位置、送料位置等）提供给软件，软件根据这些信息自动生产程序。码垛作业时，软件在线计算出物料的具体放置位置，机器人按照这一数据实现对物料的准确码垛。

5.5 自动化仓库技术

自动化仓库又称自动化立体仓库、现代智能库、高层货架仓库等。自动化立体仓库

系统（AS/RS-Automated Storage and Retrieval System）是人工不直接进行处理的自动存储和取出货物的系统，是适应经济发展的需要而在近代才崛起的新型自动化立体仓库设施。自动化立体仓库系统采用高层货架存储；计算机控制自动存取迅速准确，提高入出库效率；机械自动化作业降低劳动强度、提高劳动效率。自动化立体仓库系统随着计算机技术和自动控制技术的广泛应用日益发展。

自动化立体仓库的出现和不断发展发展，是现代化大生产的产物，始终工业、科技发展相适应。现代工业发展越来越促使生产社会化、专业化、集中化。现代化生产的高度机械化、自动化必然要求现代化的物流技术与之相适应，这就促使以自动化立体仓库为代表的现代物流设备得到迅速的发展。

5.5.1 自动化仓库实现方案

5.5.1.1 自动化仓库系统的规划

现代自动化仓库按建筑形式可分为整体式和分离式。整体式货架既能存储货物，又能作为建筑物支撑结构，即库房与货架形成一体化结构，分离式是指存储货物库架单独存在，建在建筑物内部，在现有建筑物内可改造为自动化立体仓库也可拆除货架，使建筑物用于其他目的。目前，国外自动化立体仓库的发展趋势之一是由整体式向分离式发展，因为整体式自动化立体仓库的建筑物与货架是固定的，一经建成便很难更改，应变能力差，而且投资高，施工周期长。

自动化立体仓库主要由货物存储系统、货物存取和传送系统、控制和管理系统三大系统组成，还有与之配套的检测装置及信息识别设备、供电系统、信息通信系统、消防报警系统等。

1. 货物存储系统

由立体货架的货位（托盘或货箱）组成。货架按排、列、层组合而成立体仓库存储系统。在一定的建筑面积的库房内，采用货架方式比平铺在地面货物的存储数量要优越得多。对于不同的货物很容易做到“先入先出”，有效解决了平铺存货底层货物搬运困难问题。

托盘作为一种储存和装卸用设备，在现代自动化立体仓库里有着举足轻重的地位。在现代自动化立体仓库里必须实现全托盘化作业。

2. 货物存取和传送系统

本系统承担货物存取、出入库功能，由堆垛机、出入库输送机、装卸机械等组成。堆垛机又称搬运车，是一种安装了起重机的搬运小车，安装于堆垛机上的电动机，控制堆垛机的移动和托盘的升降，堆垛机找到既定货位后，便将物品自动从货架中推进或拉出。堆垛机上的方位传感器，用以辨认货位高度及位置，甚至读取货箱内物品的名称以及其他相关信息。出入库输送机主要将货物输送到堆垛机站台，装卸机械承担货物出入库装卸工作。

3. 控制和管理系统

控制和管理系统由计算机管理系统、监控系统和堆垛机、出入库传输机等可直接控制的可编程控制机械组成。

监控系统是自动化仓库的信息中心，它负责协调管理计算机、堆垛机、出入库传输机等各部分的联系。自动化仓库内部使用的存取设备和输送设备均要配置相应的控制装置。这些控制装置包括普通开关和继电器、微处理器、单板机和可编程序控制器等等，根据它们不同的设计功能，完成一定的控制任务。例如巷道式堆垛机的控制装置分别是：位置、速度、货叉及方向控制等。由监控系统统一调度这些运行设备的运行任务、运行途径、运行方向，管理计算机下达命令后，堆垛机执行搬运活动。监控系统则能显示各系统的运行画面。

计算机管理系统是自动化仓库的管理中心，它主要承担整个仓库的入库管理、出库管理、盘库管理以及分析管理仓库经济技术指标，并与上级系统进行指令通信。进行入库操作时货箱被合理分配到各巷道的作业区，亦可按先进先出的原则进行出库操作，或按照其他排队原则进行出库。对于系统故障，操作总控制台的相应按钮实现改账及信息的修正，同时判断出故障发生巷道，执行封锁或暂停作业命令。

4. 其他配套设备

检测装置为系统提供多种物理参数和化学参数。通过对这些检测数据的判断处理，为系统决策提供最佳依据，使系统处于理想工作状态。

为了完成自动化仓库中的物流信息采集，通常采用条形码、二维码和射频等识别技术。信息识别设备完成对货物主要信息的采集和识别，按照管理系统指令，信息识别设备采集货物信息，识别需要操作设备，并记录货物每一步出入库动作。

5.5.1.2 自动化仓库的关键技术

待检计量终端周转箱的出库通过自动导向车（Automated Guided Vehicle，AGV）车由货架输送至计量自动化终端自动化检测系统接驳口的滚筒输送线上，完成一系列的检测流程后，周转箱垛再通过 AGV 车入库、绑定货位。为提高电能计量装置自动化立体仓库系统在运行流程中的智能化、柔性化，研究运用到的主要技术有：

1. 基于 RFID 技术的柔性自动化立体仓库系统技术

以单个周转箱为一个 RFID 单元进行自动化立体仓库管理，综合采用机器人自动拆码垛技术、视觉检测技术、RFID 信息采集与识别技术、自动存取货物技术、货物自动分拣技术等多重手段实现周转箱自动化立库的柔性化设计，使得应用存取策略的多样性和抗故障性能得到显著提高。

2. 具有探针检测功能的机器人自动拆码垛技术

在机械臂式机器人的卡具上左右各设置一对检测探针，通过与周转箱上开设的信息凹槽配合，实现机器人在抓取周转箱的同时对周转箱规格及摆放方向的信息判断，从而智能化地实现周转箱的方向调整及对应规格的码垛摆放。相对视觉处理系统的实现方案不仅成本低、准确度高，而且不存在机器人由于动作前的预判断而造成的判断等待时间，间接提高了机器人的工作效率。

3. 托盘和周转箱立体仓库出入库输送系统

托盘和周转箱立体仓库出入库输送由 AGV 车完成，包括顺次连接设置的库前托盘输送机、托盘拆叠盘机、拆码盘机器人、周转箱拆码垛设备、RFID标签扫描及补贴装置、双层缓存机构、周转箱拆叠箱机。周转箱自动分类排队的双层结构满足了多种品规同时入库时分类码垛，从而达到同品规单独成垛的要求，提高了库后的空间利用率。采用缓存处理区设计保证了流程的顺畅和货物信息的准确性。

4. 自动开箱机技术

自动开箱机主要由输送机、定位及夹持机构、机械切割装置、顶盖移除机构，吸尘系统、控制系统等部分组成，实现了在生产过程中的完全自动化。该装置在无人干预的情况下根据拆箱要求，自动控制执行拆箱取表的全过程，并达到高效，可靠，平稳的特点。本机采用物理开箱方式并带有粉尘收集系统，不会对使用环境带来不良影响。

5. 周转箱清洗机技术

周转箱清洗设备主要由清洗设备、干燥设备、吸雾设备、进箱端和出箱端设备等部分组成，实现了完全自动的周转箱清理作业。该装置在无人干预的情况下按规定、自动执行控制的全过程，并达到高效，可靠，平稳的特点。周转箱清洗机设备为智能立体库房内的辅助系统，实现出入库周转箱的清洗、烘干的自动处理功能，保证周转箱清洗区内实现不需要人工干预的全自动化作业，并实现与立体自动化立体仓库传送设备软件系统和硬件系统的无缝对接需要。

6. 各作业环节效率配合合理

智能立体仓库为一套完整的电力表计接受、存储、拆包、供给系统，整套系统中涉及作业环节包括到货接受、扫码、叠垛入库、表计拆包、装表入箱、检定线供表等多个环节，各环节的作业能力应能够合理配合，既不需要某个环节能力过强，造成设备冗余，也不可以因某环节作业能力差，而造成其他环节流程不畅。

5.5.1.3 自动化仓库总体设计

1. 自动化立体仓库的布局

自动化立体仓库由库存区、入出库区两部分组成。

货架系统由2个巷道，4排横梁组合式货架组成。每个巷道配置1台堆垛机。入、出库部分是由每个巷道口各配置的1台出、入口链条机及辊道输送机组成。入库链条机上配置外形检测器具及固定条码阅读器。控制部分由控制室、等离子显示屏、电控柜及通信线等组成。

出入库区主要用于货物的整理、组装托盘、叉车出入货搬运。

软件控制系统由监控系统（WMS）和库房管理系统（WMCS）组成，实现电能表的出、入库信息管理自动化、数据维护、查询、库存分析、报表打印等功能；实时监控立体仓库物流作业、显示设备作业状态、位置及完成情况、故障报警提示等。控制管理程序通过接口程序完成与营销信息系统之间的数据交换。

2. 自动化立体仓库组成

自动化立体仓库的硬件部分如表5-1所示。

表 5-1　　自动化立体仓库的硬件部分一览表

名称	个数
货架系统	1套
单立柱有轨巷道堆垛机	2台
安全滑触线	2套
天地轨	2套
入出库输送机系统	1套
外形检测装置	1套
上箱架	1套
条形码读取器	1台
入出库控制系统	1套
计算机监控管理系统（包括无线手持终端、等离子显示屏）	1套

自动化立体仓库软件部分由自动控制系统、监控系统和库房管理系统组成。

5.5.2　立体仓库自动化控制系统

立体仓库自动控制系统由监控计算机实现全面协调、监视、控制，其功能主要是接收指令、检测信号、指挥作业、判断故障、返回信息。

5.5.2.1　系统特点

1）采用分布式控制局部操作网技术，堆垛机和输送设备、控制设备的控制系统用现场总线网络连接在一起，现场总线可以从现场输送设备获取大量的信息，能够更好地满足企业自动化及营销系统的信息集成要求。现场总线是数字化通信网络，它可以实现现场设备的状态、故障和参数信息传送。系统除完成远程控制，还可完成远程参数化设定。

2）对有安全性要求高的堆垛机等设备，采取了硬件和软件双重控制，以确保其可靠性。

3）任何故障都会有声、光报警，并在监控计算机上提示故障点。

4）多重操作模式。设有维修方式、手动、单机自动、联机自动作业方式。

5.5.2.2　主要功能

堆垛机控制系统都通过点对点串行红外通信形式与监控系统相连，以实时通信方式相互交换控制信息、状态信息、故障信息、物流信息，监控微机下发作业地址任务电报给各个堆垛机控制系统，由它们各自输送托盘到相应的交接口上，进行托盘交接，完成连续输送托盘作业。各堆垛机的控制系统返回各自的状态情况、作业完成情况、故障情况给监控计算机，供其判断处理，实现统一监控、统一调度。

输送系统与控制系统连接。输送系统监控子系统自动检测托盘的输送情况、设备的运行情况、监视设备故障情况，并且把检测到的各种状态，进行分析、处理，组合成状态电报或故障电报，发送给监控机，供其进行状态显示、作业调度、故障处理。同时接收监控机的作业指令、状态处理指令，进行判断处理，实现全自动作业监控。其上发的状态电报或故障电报，告知监控计算机出入库托盘的位置、流向、实际出入库情况，使监控机根据实际情况，统一调度库内设备，实现合理衔接，达到高效的货物输送。同时其传送的信息通过监控微机通知管理系统进行处理，对入库货物进行库存登账、货位占用、修改管理信息等，实现管理、监控、设备运行的有机统一。

以可编程序控制器及总线模块为核心的出入库监控子系统，实现对出入库区设备的全自动控制。安装在各设备周边的光电传感器、行程开关所检测到的信号，送入PLC的输入接口，由PLC根据这些输入信号及设定的流程，发出控制信号，指挥各设备作业。

5.5.2.3 堆垛机控制方式

堆垛机控制有四种工作方式，分别是：维修、手动、单机自动及联机自动。

（1）维修方式（机上）。堆垛机的水平和垂直运动及货叉的伸缩运动采用开关按钮控制。此时运行和起升运行状态为即停方式（类似点动），此种控制方式用于维修、调试和故障状态。

（2）手动方式。堆垛机的水平和垂直运动及货叉的伸缩运动采用开关按钮控制。此时运行和起升运行可根据有无货物自动停准，存放货物时为连动顺序完成（与自动相同），此种控制方式用于工作人员随车手动对货物进行存取货物的操作。

（3）单机自动方式。堆垛机通过地面操作台输入的作业命令（一次可输入一条或多条作业命令）自动完成作业，且能够返回原位等待下次作业命令。

（4）联机自动堆垛机接收到来自监控计算机发出给通信器具的作业命令后，自动完成一次作业且能够返回原位等待下次作业命令。

堆垛机的PLC通过远红外通信器具，实时将堆垛机的运行状况返回监控计算机，监控计算机通过彩色监视器实时显示出各个设备的运行状态。

由于堆垛机是以货架中的货位为目标进行作业，因此就必须检测行走方向及升降方向的各个货位。针对立库的工作特点和要求，堆垛机定位精度只要达到以下精度即可满足工作要求：水平方向：±5mm；起升方向：±5mm；货叉：±3mm。

常用的认址方式有以下3种：

（1）光电遮光式认址方式。光电遮光式认址方式采用槽形光电开关实现起升认址，定位精度：±5mm。起升方向安装与停准位置一致的遮光片，当光电开关通过遮光片后而产生计数脉冲，PLC依此与目的位置进行比较直至到达目的位置。货叉采用行程开关加接近开关的定位方式，定位精度：±3mm。

（2）激光条码认址方式。运行方向采用激光条码认址方式。激光条码进行绝对增量定位方式是目前较为先进的一种认址方式。EDM 120-P LASER安装在堆垛机上，随机运行，检测反光板安装在墙面上。EDM 120-P LASER通过DP接口与堆垛机的PLC连接，随时传送检测的距离信息给堆垛机的PLC。信息以16进制数据格式传送，传送速率1.5MBPS。堆垛机的PLC根据读入的距离信息，来判断堆垛机的实际运行位置，控制堆垛机的前后运行。激光条码精度±5mm。

（3）货物超差保护。堆垛机上装有左右超差、货物超高、前后端面检测器具，当货物出现任何一个方向超差时，堆垛机会自动停机并上报给主站（触摸屏）及监控机相关的故障信息便于操作人员进行排除。

5.5.3 自动化仓库的设施设备

5.5.3.1 货架系统

货架系统主体包括货：架片、横梁、纵/横梁、斜拉筋等，天地导轨作为货架系统的一个组成部分。

（1）货架系统的设计原则。货架从设计制造到安装调试，均按照 FEM9.831 货架欧洲标准以及 ZBJ 83015—89 高层货架仓库设计规范要求执行；选用宝钢优质钢材，表面经过静电喷塑处理；同时按 6 度地震烈度设防；并为消防系统等预留了空间。

（2）货架基本参数。货架系统主体包括货：架片、横梁、纵/横梁、斜拉筋等，货架高度为 3775mm，共设 96 个货物，每个货位最大承重 900kg，每个存储单元体积为 1200mm×900mm×1350mm（含托盘高度）：材料表面采用酸洗，磷化处理和喷塑涂装。

（3）天地导轨。托盘式堆垛机的天地导轨基本参数为：①堆垛机的天轨采用 100mm×100mm×10mm 的角钢，通过螺栓将天轨与货架顶部的纵横梁相互连接；②堆垛机的地轨采用 30kg/m 的钢轨，用膨胀螺栓将地轨固定在地面上。

5.5.3.2 有轨巷道堆垛起重机

有轨巷道堆垛起重机又简称堆垛机，是构成 AS/RS 自动化立体仓库的主要存取设备，一般用于货物在货架上的自动存放或取出。

堆垛机主要组成部分包括：金属结构、载货台、水平运行机构、起升机构、货叉伸缩机构、导轮器具、安全保护器具和电气控制系统等。具体功能如下：

1）金属结构。堆垛机金属结构主要组成部分是上横梁、立柱、下横梁和控制柜支座。

2）载货台。载货台是堆垛机的一个部件，它通过动力牵引作上下垂直运动。载货台由垂直框架和水平框架焊接成 L 型结构。

3）平运行机构。水平运行机构是由动力驱动和主被动轮组组成，用于整个设备巷道方向的运行。

4）起升机构。起升机构是由动力驱动、卷筒、滑动组和钢丝绳组成，用于提升载货台作垂直运动。定滑轮和动滑轮均采用工程尼龙车制而成。

5）货叉伸缩机构。货叉伸缩机构是由动力驱动和上、中、下三叉组成的一个机构，用于垂直于巷道方向的存取货物运动。

6）导轮器具。堆垛机共采用了上下水平导轮、起升导轮三组导轮器具，上下水平导轮分别安装在上下横梁上，用于导向堆垛机沿巷道方向作水平运动。起升导轮安装于载货台上，沿立柱导轨上下运动，导向载货台的垂直运动。同时该机构还设有多重安全保护器具。包括：①限速防坠器具：堆垛机设有超速保护器具，此器具是堆垛机最重要的安全保护器具，由限速器及制动夹紧器具组成，整套器具可以不依赖于其他动力和电气的控制，独立可靠地检测速度。当堆垛机的载货台由于某种原因（如钢丝绳或链条断裂，起升电机或减速机断轴等），引起载货台超速下坠，一旦超过设定的下降速度，器具能不依赖其他动力器具和电气系统，夹紧器具即能可靠地将载货台和货物锁住在立柱起升导轨上，同时切断电源，以确保人员、设备及货物的安全。与断绳保护器具相比，具备测速、限速功能，只要堆垛机出现断绳、断轴（电机或减速机）、松闸等故障引起的任何一种超速现象都能起保护作用。②过载保护器具：是堆垛机载货台过载和松绳的保护器具，其作用是当载货台上承受载荷大于1.25倍的额定载荷或钢丝绳失去张力时，能自动切断起升回路电源，使起升机构停止运转，以保证设备的安全。③松绳保护器具：当起升钢丝绳失去张紧力时，能自动切断起升电动机的电源，以保证设备的安全。④升降强迫换速开关：立柱两端设有强迫换速开关，当载货台接近运行终端时，能自动切换成低速运行。⑤升降终端保护：堆垛机设有上、下极限位置保护开关，当载货台接近上、下极限位置时，能自动切断起升电动机电源，并在上极限位置上方还设有紧急终端限位器，一旦到达该位置能自动切断堆垛机总电源，在堆垛机上下极限位置后还设有机械限位器具。⑥缓冲器：堆垛机载货台下端设有具有吸收动能，减少冲击的聚氨酯缓冲器。

5.6 配 送 技 术

在供应链的配送环节，库存和配送是物流成本中比重最大的两个环节，物流中库存费用与配送费用之和约占物流总成本的三分之二左右，因此优化配送网络，平衡协调供应链中各个化解，降低库存成本和配送成本，提高企业的物流配送网络的工作效率，已成为企业改善经营状况，提高企业利润和市场竞争力的重要战略。

5.6.1 配送流程

计量自动化终端配送流程中，计量库房一般分为三个层级，包括计量中心一级库房、区县二级库房和供电所（营业所）三级库房。计量自动化终端从各地生产厂家运出，流向计量中心，在计量中心汇集后经计量中心检测合格后进入一级库。配送业务模式由各供电公司统一汇总所辖区域内配送需求，每月向省电力公司一级库提交配送申请，省级计量中心一级库向二级库进行配送。二级库房按照三级库房的需求向三级库房配送。调拨方面，由省级计量中心发起调拨任务，地市公司完成后续配送操作。报废终端业务，计量资产统一集中至省级计量中心，由省级计量中心通过报废申请、报废审批、报废处理、报废出库完成报废流程。

5.6.2 配送预测方法

电能计量自动化系统大规模建设时期存在大量终端需求，加之缺乏对各地市公司、供电所终端需求的精准预测和管理，二级库和三级库容易存在大量的积压和超期终端，造成了计量资产在不同层级的沉淀，降低了设备质量。因此，有必要对计量自动化终端的配送需求进行预测。常见的配送预测方法包括指数平滑算法、多参数季节算法、阈值算法和梯度回归算法。

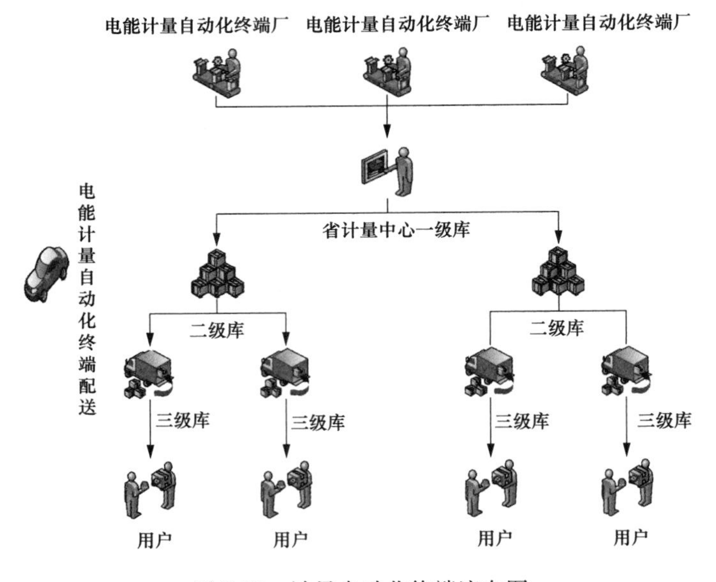

图 5-20 计量自动化终端流向图

5.6.2.1 指数平滑算法

美国经济学家和数学家罗伯特 .G. 布朗于 1959 年在他的《库存管理的统计预测》一书中，首先提出了指数平滑预测方法。该方法的显著特点是，给最新的观察值以最大的权重，给其他预测（或实际值）以递减的权重，所以预测值既能反映最新的信息，又能反映历史资料的信息，从而使预测结果更符合实际情况。

指数平滑算法属于非统计性模型，可用于确定型的以时间为序列分析的内容，指数平滑法的目标是采用“修匀”历史数据来区别基本数据模式和随机变动。这相当于在历史数据中消除极大值或极小值来获得该时间序列的“平滑值”，即对未来的预测值。一次指数平滑预测模型适用于平稳型数据的预测，一次指数平滑预测的基本思想是以第 t 期的一次指数平滑值作为第 $t+1$ 期的预测值，即

$$S_i = \alpha x_i + (1-\alpha)S_{i-1} \tag{5-7}$$

式中：x_i 是时间序列 $\{x_i\}$ 第 i 期的实际值；S_{i-1}是第 $i-1$ 期的一次指数平滑值；S_i 是第 i 期预测值；$0<\alpha<1$。

展开递推关系式，即可知道：

$$\begin{aligned}S_i &= \alpha x_i + (1-\alpha)S_{i-1}\\ &= \alpha x_i + (1-\alpha)[\alpha x_{i-1} + (1-\alpha)S_{i-2}]\\ &= \alpha x_i + (1-\alpha)\{\alpha x_{i-1} + (1-\alpha)[\alpha x_{i-2} + (1-\alpha)S_{i-3}]\}\\ &= \alpha[x_i + (1-\alpha)x_{i-1} + (1-\alpha)^2 x_{i-2}] + (1-\alpha)^3 S_{i-3}\end{aligned}$$

$$=\cdots$$

$$=\alpha\sum_{j=0}^{i}(1-\alpha)^{j}x_{i-j} \tag{5-8}$$

5.6.2.2 多参数季节算法

在时间序列中，需要基于该时间序列当前已有的数据来预测其在之后的走势，多参数季节性算法，又称三次指数平滑法，可以很好地进行时间序列的预测。一次指数平滑算法已进行描述，二次指数平滑法保留了趋势的信息，使得预测的时间序列可以包含之前数据的趋势。二次指数平滑通过添加一个新的变量 t 来表示平滑后的趋势。该算法是基于一次指数平滑和二次指数平滑算法的，可以对同时含有趋势和季节性的时间序列进行预测，其定义如式（5-9）和式（5-10）所示。

$$S_i=\alpha x_i+(1-\alpha)(S_{i-1}+t_{i-1}) \tag{5-9}$$

$$t_i=\beta(S_i-S_{i-1})+(1-\beta)t_{i-1} \tag{5-10}$$

式中：$0<\beta<1$。

5.6.2.3 阈值算法

设置合理的阀值后，计算出合理库存值，通过库存的消耗量（近 1 个月的使用需求量）来进行测算，具体算法为：电能表实际库存-电能表安装量/运行量$\leqslant n\%$，其中，n 值的确定根据各单位实际情况进行选取。

5.6.2.4 梯度回归算法

梯度回归算法（Boosting）算法是一种基于其他机器学习算法之上的用来提高算法精度和性能的方法。当用于回归分析时，不需要构造一个拟合精度高、预测能力好的回归算法，只要一个效果只比随机猜测略好的粗髓算法即可，称之为基础算法。通过不断地调用这个基础算法就可以获得一个拟和和预测误差都相当好的组合回归模型。Boosting 算法可以应用任何的基础回归算法，无论是线性回归、神经网络、还是 SVM 方法，都可以有效地提高精度。因此，Boosting 可以被视为一种通用的增强基础算法性能的回归分析算法。梯度回归法的计算过程就是沿梯度下降的方向求解极小值（也可以沿梯度上升方向求解极大值）。

$$a_{k+1}=a_k+\rho_k s^{-(k)} \tag{5-11}$$

式中：$s^{-(k)}$代表梯度负方向；ρ_k 表示梯度方向上的搜索步长。

梯度方向我们可以通过对函数求导得到，一般确定步长的方法是由线性搜索算法来确定，即把下一个点的坐标 a_{k+1}看作函数，然后求满足 $f(a_{k+1})$ 的最小值的即可。

5.6.3 配送车辆优化调度方法

一般意义上的物流配送车辆路径优化问题，通常描述为按照某个最优准则（通常是行驶路程最短），寻找从一个配送中心到若干客户点（如城市、商店、仓库、学校等）的路线使评价准则最优。计量自动化终端配送的优化调度问题的核心在于如何降低成本：降低整个调度过程所需的车辆数目，降低整个调度过程中所有车辆行驶的总距离。

目前常用的方法包括图模型和数学模型。

1. 图模型

图模型是计量自动化终端配送的优化调度问题的基本形式，最简单的图模型可定义为$G=(V, A)$，其中，$V=\{V_0, V_0, \cdots, V_n\}$，$V_0$表示供货点或者从多个供货点虚拟出的初始节点，$V_1 \cdots V$代表$n$个需求量分别为$q_i$的客户；$A$表示连接各节点的通路。该模型实现的目标就是在满足一定的约束条件下在图G中确定m条路径使路程最短或者费用最低。

图模型的经典解法很多，迪杰斯卡尔算法（Dijkstra 算法）和弗洛伊德算法（Floyd-Warshall 演算法），这两种方法思路清楚、方法简便，但其计算复杂性以点数的平方增加；动态规划法则对于简单的配送的优化调度问题有效。

2. 数学模型

计量自动化终端配送的优化调度问题的数学模型主要分为两类：以车流和物流为基础的数学模型。VRP 问题的求解算法可以分为精确算法和启发式算法两类，由于 VRP 问题是 NP-hard 问题，难以用精确算法求解，因此启发式算法是求解车辆路径问题的主要途径。

为了求解图模型和数学模型，目前主要有精确算法和启发式算法。

（1）精确算法。

具有代表性的精确算法主要有经典的 Dijkstra 算法和 Floyd 算法、动态规划法、整数规划法等。如满载 VRP 是指一辆车只服务一个客户，因此可以转化为图论中的最短路径问题，可以采用经典的 Dijkstra 算法求解。当实际系统约束较多时很难将现实问题抽象成数学式子；同时随着物流网络规模的不断扩大、约束条件的增多，使得求最优解的过程相当复杂甚至求不出最优解；另外应用精确算法很难真实地处理实际问题中的随机性等。

（2）启发式算法。

求解 VRP 问题的启发式算法分为传统启发式和现代启发式两种。

传统启发式算法最具代表性的是节约法、两阶段法以及它们之间的结合形成的混合算法等，它们计算步骤简单，可得到满意解但不一定保证其为最优解。基于两阶段启发式算法的研究，一般是先分组后安排路线或者先安排路线后分组。先分组后安排路线预设了确定的车辆数，在每个分组内按照约束条件采用不同原则插入配送点。先安排路线后分组是在包括所有配送点所构造的一条长路线上根据约束条件插入车辆。这类两阶段求解方法只适用于具有简单约束条件的车辆调度问题，无法对约束复杂的实际问题求解。VRP 问题的计算量随着问题规模的增大呈指数级增长，因此当物流节点较多时，采用先分组后安排路线的方法可以降低问题的复杂性。

现代启发式算法主要有禁忌搜索（Tabu Search，TS）算法、遗传算法（Genetic Algorithm，GA）、模拟退火算法（Simulated Annealing，SA）、蚁群算法（Ant Colony Algorithm，ACA）以及它们之间或它们与传统启发式算法之间结合形成的混合算法。现代启发式算法以其独特的运行机制具有引导算法跳出局部最优解转向全局最优解的功能。禁忌搜索法属于局部搜寻方法，寻优速度比较快，但是它很难确定一个特定问题的适当禁忌期限；模拟退火方法具有收敛速度快、全局搜索的特点，但是需要较长时间才能得出具有较高精度的稳定解；遗传算法具有求解组合优化问题的良好特性，对搜索空间无特殊要求、无需求导，具有运算简单、收敛速度快等优点，其缺点在于局部搜索能力较弱；现有的蚁群算法存在搜索速度较慢、容易陷入局部优化等问题，虽然蚁群算法经过多次改进后，各种缺陷有所改进，但是在解决高维组合优化问题的求解速度和所得解的质量仍然是不理想的。

6 电能计量动化终端自动检测辅助技术

辅助功能系统负责将 IC 卡插入计量自动化终端，对检定合格的计量自动化终端进行粘贴合格证，加装计量封印，对计量自动化终端铭牌上的资产编号等条码信息和封印条码信息进行扫描，并将相关信息与电表检定信息绑定。

6.1 自动插卡技术

6.1.1 自动插卡硬件设计

自动插卡部件大致结构如图 6-1 所示。自动插卡部件通过 RS232 与自动发卡部件连接，主要用于完成卡片的插拔，将卡片信息写入计量自动化终端，读取计量自动化终端相关返写信息等操作。它主要由底座、控制电池、滑杆、导轨、仿真卡片等组成。其中，仿真卡片上的卡片触点用来与电能表卡座触点接触，进行数据交互。控制电池固定在底座上，在控制电池上安装有电磁铁，电磁铁铁芯与滑杆相连，滑杆顶端是插卡开关，滑杆在电磁铁芯的推动下可在导轨内滑动使插卡开关与卡座位置开关接触，从而实现自动插卡动作。此外，控制电池上集成有单片机控制器和 IC 卡模块，单片机控制器通过 RS232 与自动发卡部件中的插卡控制继电器通信，进行插卡、拔卡控制；IC 卡模块与上节叙述到的自动发卡部件的信号输出单元相连。

自动插拔卡过程为：首先将自动插卡部件插入电能表 IC 卡卡槽内，IC 卡卡槽中的弹簧片将插卡装置夹住，当插卡控制继电器发出插卡信号后，电磁铁线圈通电，产生磁力，推动铁芯向前移动，铁芯推动滑杆克服弹簧阻力在导轨内向前移动，滑杆顶端的插卡开关也随之向前移动，直到与卡座位置开关接触，此时，仿真卡片上的卡片触点与电能表卡座触点接通，完成插卡、读写卡片等操作。当插卡控制继电器发出拔卡信号后，电磁铁线圈断电，磁力消失，弹簧推动滑杆向回移动，从而完成拔卡操作。

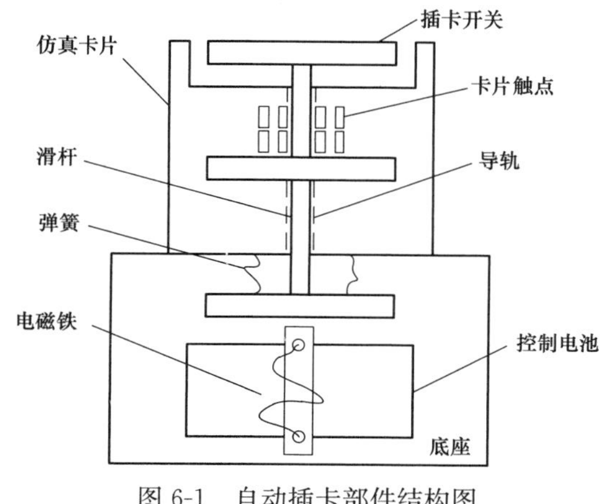

图 6-1 自动插卡部件结构图

6.1.2 自动插卡软件设计

测试卡片自动控制系统可采用 C 语言来完成程序的设计，首先要对系统和各卡片进行初始化和自检，然后通过调用子程序来完成测试卡片的发行和与计量自动化终端进行信息交互等功能。

测试卡片自动控制系统工作流程为：控制系统上电后首先进行自检，然后等待上位机指令，当控制处理单元接收到上位机的设置参数等指令后，接收上位机发来的参数数据，然后按照ISO/IEC 7816-3带触点的集成电路卡的传输协议和计量自动化终端信息交换安全认证技术规范逐条写入IC卡中，每写完一条数据就会收到IC卡回复的成功信息，直到全部数据写入卡中，控制处理单元完成写卡操作后，回复成功信息给上位机，然后接收上位机的发卡指令，使IC卡所对应的输出单元电路有效，将参数信息输出到自动插卡部件上，然后上位机发出接通、插卡指令，自动插卡部件插卡并与电能表进行读写卡等信息交互操作，读写成功后返回主程序，等待下一次控制指令。测试卡片自动控制系统具体流程如图6-2所示。

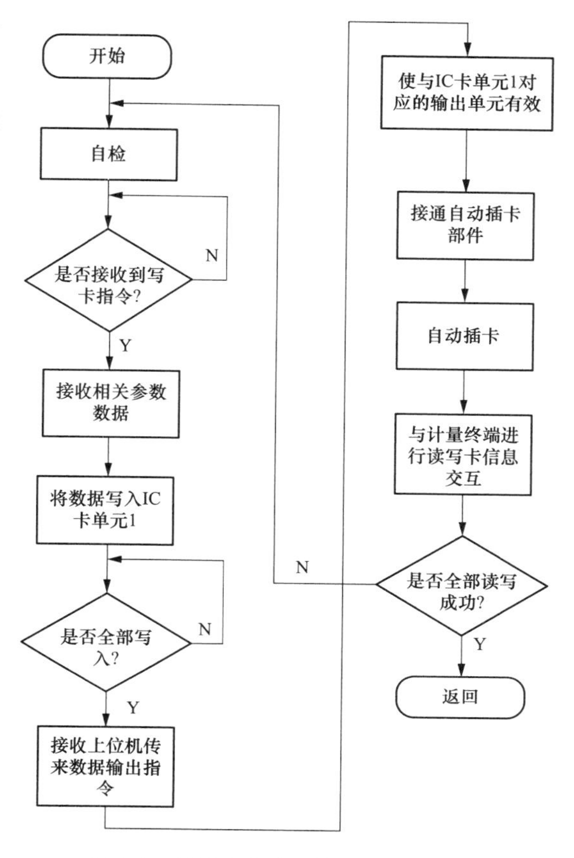

图6-2 测试卡片自动控制系统流程图

6.2 合格证自动贴标技术

在电能计量自动化终端完成各项检测功能合格后，终端自动检测系统控制打印机将终端的序列号等信息打印在合格证上，然后通过自动贴别机将合格证自动地粘贴在计量自动化终端上。

6.2.1 自动贴标机简介

贴标机是通过利用具有粘连作用粘合剂，将以纸或金属箔等为原料的标签固定在需要包装容器上的一种机械自动化设备。利用现代控制技术控制贴标系统自动完成批量包装件的输送、定位、供标、剥离并最终完成贴标及底纸收集的贴标设备是近年来的自动贴标机的主要特征。为了满足不同产品的贴标需求，贴标机的功能也不相同，它们的贴标过程和设备结构都不尽相同，但是不管哪种类型的贴标设备其贴标工艺都包括以下几个过程。

1）贴标的产品从输送装置上输送过来的时候其位置一般不能满足贴标需要，要有产品校位机构对其位置进行调整；

2）供标盘上的标带要经过专门的供送及系统供送给贴标机构；

3）除不干胶贴标装置外，其他类型的贴标设备在标签从堆标库中传送至贴标机构的过程中，还需要涂胶机构将粘合剂涂到标签上，热敏标签需对预涂粘合剂加热使它恢复粘接活性；

4）贴标机构将供标系统供送的标签贴到预贴标位置。

6.2.1.1 自动贴标机的分类

贴标机的分类方法多样。按自动化程度，贴标机可分为半自动贴标机和全自动贴标机；按容器的运行方向可分为立式贴标机和卧式贴标机；按标签的种类可分为片式标签贴标机、卷筒状标签贴标机、热粘性标签贴标机和感压性标签贴标机，收缩筒形标签贴标机；按容器的运动形式可分为直通式贴标机和转盘式贴标机；按贴标机结构可分为龙门式贴标机、真空转鼓式贴标机、多标盒转鼓贴标机、拨杆贴标机、旋转形贴标机；按贴标工艺特征可分为压式贴标机、滚压式贴标机、搓滚式贴标机、刷抚式贴标机等。具体分类如表 6-1 所示。

表 6-1　贴标机的分类

分类方法	种类
自动化程度	半自动贴标机和全自动贴标机
容器的运行方向	立式贴标机和卧式贴标机
标签的种类	片式标签贴标机、卷筒状标签贴标机、热粘性贴标机和感压性贴标机，收缩筒形标签贴标机
容器的运行形式	直通式贴标机和转盘式贴标机
贴标机结构	龙门式贴标机、真空转鼓式贴标机、多标盒转鼓贴标机、拔杆贴标机、旋转型贴标机
贴标机工艺特征	压式贴标机、滚压式贴标机、搓滚式贴标机、刷抚式贴标机

以立式贴标机和卧式贴标机说明贴标机的工作原理，图中 6-3 和图 6-4 给出了式贴标机和卧式贴标机的实物图。

图 6-3　卧式贴标机

图 6-4　立式贴标机

1. 立式自动贴标机介绍

首先，将要贴标的待贴产品放在传送带上，待贴产品会自动通过产品跟产品之间的固定装置将其分开，该固定装置推动待贴产品向前进，贴标轮的速度与传送带的速度相配合，当待贴物体到达某个位置时，标签输送与待贴产品速度达到相匹配，贴标贴将标签贴到待贴产品的位置，在此过程中，其主要作用的有驱动轮输送待贴产品，贴标轮输送标签，卷轴进行储标，由于标签是紧密排布在底纸上的，而卷轴上标签带对贴标影响很大，因此为了保证贴标时标签启停造成标签张力影响，卷轴上用一个开环系统控制其位移。

检测修正标签带贴错位的方法：在每张标签上都做一个相应的记号，当标签在运输或不稳定时可能会偏移到传输带放到的正确位置，在当标签标的记号通过检测传感器时，位置偏移传感器会自动识别，以致标签减速时，传感器发出信号控制驱动轮对标签带上错误位置进行修正。

立式贴标机驱动轮采用的是电机，分别对标签和输送装置进行调速，采用光电传感器控制，由于其零部件采用国外名牌电器产品，不仅其维修和零件更换也比较方便，而且定位可靠，自动性能好，自动识别灵敏度高。

2. 卧式自动贴标机介绍

卧式贴标机核心工作原理：若不是不干胶标签的话，卧式贴标机需要首先会从罐体中导入，在刚开始的时候标签还是以整段的，卧式贴标机会自动控制贴标长度，将标签进行切断，涂上指定胶，在进行标签或是待贴标产品定位进行贴标，这一过程中，是靠传感器检测来控制的，当传感器检测到产品时，贴标机 PLC 控制系统受到传感器发出的信号后及时进行处理，当传感器检测到贴标对象物贴标位置时，在当标签经过传感器刚检测过的贴标位置控制系统发出信号即将标签贴在待贴的位置，再进入下一个工序进行抚平，最后将成品通过输出装置输出。

卧式自动贴标机全程自动化，其采用的是自动化控制的电器系统，比如日本的欧姆龙工业电脑，监控相关参数方便，能及时调整参数等优点，但制造成本较高。

6.2.1.2 自动贴标技术

目前，主要的自动贴标技术有三种。

1. 吸贴法（气吸法）

这是最普通的贴标技术。当标签纸离开传送带后，分布到真空垫上，真空垫连接到一个机械装置的末端。当这个机械装置伸展到标签与包装件相接触后，就收缩回去，此时就将标签贴附到包装件上。这种技术可靠地实现正确地贴标，且精度高，这种方法对于产品包装件的高度有一定变化的顶部贴标，或对于难于搬动的包装件侧面贴标是非常适用的，但是它的贴标速度较慢。

2. 吹贴法（射流法）

这种技术的某些运作方式是与上述吸贴法相似的，就是将标签放置到真空表面垫上固定，直到贴附动作开始为止。但在本方法中真空表面是保持不动的，标签固定和定位在一个“真空栅”上，“真空栅”为一个上面具有几百个小孔的平面，这些小孔是用来维持形成“空气射流”的。由这些“空气射流”吹出一股压缩空气，压力很强，使真空栅上标签移动，让它贴附到被包装物品上。这是一项稍具复杂性的技术，它具有较高的精度和可靠性。

3. 擦贴法（刷贴法）

第三种贴标方法称为同步贴标法，也可称作“擦贴法”、“刷贴法”或“接触粘贴法”。在贴标时，当标签的前缘部分粘附到包装上后，产品就马上带走标签。在这一种贴标机中，只有当包装件通过速度与标签分配速度一致时，这种方法才能成功。这是一项需要维持连续作业的技术。此外，为使标签的贴附满足完整恰当的要求，像刷子或滚筒那样的第二套装置也是不可缺少的。

根据标签的不同类型可分为糨糊贴标和不干胶贴标，糨糊贴标上胶容易不均匀和易皱褶，易腐烂，易脱标，不够卫生；而不干胶贴机标采用的是不干胶材料，清洁卫生，不发霉，不生锈，不容易腐烂，不会自行脱落，能有效减小假冒伪劣商品的可；不干胶贴标机的效率要高一些，糨糊贴标机的使用效率要低一些。

6.2.2 合格证自动贴标实现方法

目前，在电能计量自动化终端自动检测系统中，主要采用吹贴法实现合格证的粘贴，合格证的材质采用不干胶。采用气动技术具有以下优点：气动装置结构简单、轻便、安装维护简单，使用安全；工作介质是空气，排气处理简单，不污染环境；输出力及工作速度的调节非常容易；可靠性高，使用寿命长；全气动控制具有防火、防爆、耐潮的能力；短时间释放能量以获得间歇运动中的高速响应，可实现缓冲，对冲击负载和过负载有较强的适应能力。

当被贴标物经过分拣后传送到输送带上后，随输送带匀速前进，经过安装在输送带一侧的红外线光感时，光感获得信号，并将信号传给送标机构，送标系统通过被贴标物到达贴标机正下方的时间来决定开始送标的时间点，以保证贴标位置的准确性。出标口安装有光电传感器，通过感应每张标签在标卷上的间隔，控制步进电机的停转，确定是一个标签被送出后，停止出标，则送标动作停止。出标时，在出标口有若干个真空嘴，当标签剥离后，通过真空嘴将其吹到吹塑头处以固定，然后吹塑头通过喷气将标签贴到被贴物上，贴标过程完成。图 6-5 中给出了德国的 APL100Compa2 条码打印贴标机，工作流程如图 6-6 所示。

图 6-5 德国 APL100Compa2 打印贴标机

在电能计量自动化终端自动检测系统中，自动贴标机与其他子系统紧密配合。检定工作完成后，检定合格的计量自动化终端无须人工施封或粘贴检定合格证，自动贴标机构从数据库中按顺序读取封印条形码码值信息、读取当前日期和检定人员信息，并将这些打印在印证标签上，自动贴标机构再将打印好的印证标签自动粘贴在计量自动化终端制定的位置，然后通过识别器对贴标结果进行检查。若经识别器扫描判定计量自动化终端贴标不成功，则计量自动化终端通过回转道重新输送到自动

贴标机构重新贴标。具体工作流程如图 6-7 所示。(侧位 1 和侧位 2 合并成 1 个)

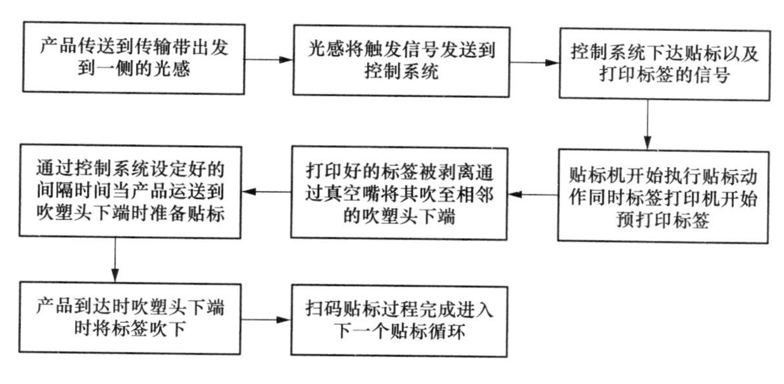

图 6-6　打印贴标机工作流程

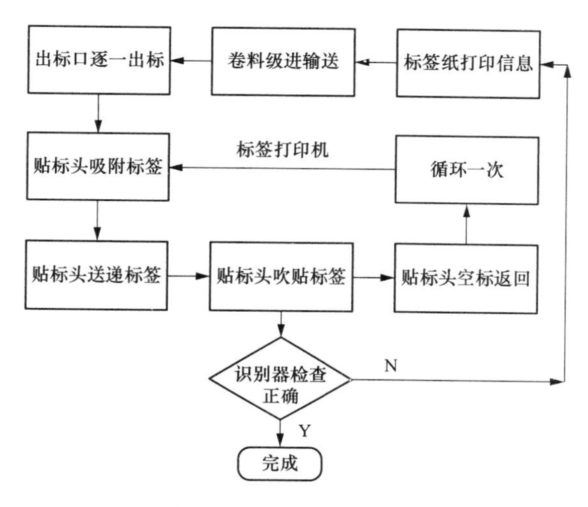

图 6-7　自动贴标工作流程

6.3　周转箱信息采集识别技术

在现代的仓储业中，仓储信息的统计方式多种多样，但总体来说可以分为四种应用比较广泛的方式：手工记录方式，条形码扫描方式以及 RFID 自动扫描方式。手工记录的方式在具有规模的仓储企业中早已被淘汰，现在应用最广的当属条形码扫描方式，RFID 自动扫描方式则是仓储业周转箱自动识别发展的方向，条形码扫描方式以及 RFID 自动扫描方式的应用大大提高了系统的管理水平，简化了许多由人工来完成的操作。

6.3.1　条形码在周转箱信息采集识别中的应用

本书 4.5 节已经详细阐述了条形码的相关概念，此处不再叙述。条形码技术与信息处理技术相结合，可确保库存量的准确性，保证必要的库存水平及仓库中物品的移动与进货发货协调一致，保证产品的最优流入、保存和流出。条形码技术，伴之以数据存储、传输、智能软件、计算机平台以及通信网络等，不论物流流向哪里，都可以自动记录下物流的动向。条形码技术与信息处理技术的结合帮助合理有效地利用仓库空间，以最快速、最正确、最低成本的方式为客户提供最好的服务。

在仓库管理系统中，每种产品都有一个唯一标识的符号。由于仓库存储一般都是以托盘为单位，所以将编号印制成条形码贴在托盘上的货箱上。对物品进行管理时，只需扫描该产品的条形码即可。国际上的仓库系统多采用这种编码 EAN-13 码制，具有密度较高的特点，这有助于提高系统整体的通用性。

条形码的使用方便与否与条形码的编码方式有很大的关系，因此，如何对条形码进行编码设计便成为条形码使用中的一个亟待解决的重要问题。由于仓库中的物品较多，如果每件物品都使用一个条形码的话，条形码的数量将会非常巨大，而且会浪费大量的资源与工时。计量自动化终端自动检测系统中，采用以托盘为单位进行设计，每个托盘配以相应的条形码，这样能够大大减少条形码的使用数量，减少仓储管理工作量。

1. 条形码的设计

在应用条形码之前，需要对条形码进行设计与规划。对整个系统来说，建立编码库可以大大提高管理系统的使用效率，如物品的种类，对每一类分配一个编号，从而形成物品种类编码库。当人机交互操作需要输入物品种类时，只需输入相应的条形码即可。编码库的合理使用，提高了人机交换速度，降低人的劳动强度，而且消除了由于人为因素带来的错误，从而保证交互信息的正确性。条形码结构如图所示。

由于仓库中存储的物品都是以托盘为单位的，而不是以每个物品为单位，所以不采用企业生产产品的编码方式，而是建立面向仓储的条形码方案。通过入货单以及每个托盘可以储藏的物品数量，计算出所需要的货位数量信息。根据库存区域规划产生入库货位信息。

2. 条形码的使用

系统中具有条形码生成以及打印功能，通过打印机配套工业条形码设计软件，根据数据结构绘制相应的条形码，当自动化接口根据信号触发系统后，即将图形输送到条形码打印机打印，在物品进入仓库之前，将物品装于托盘中，记录下每种物品的数量、名称、日期以及托盘号，并打印相应的条形码，将之贴于托盘之上，以便对库存进行盘库操作。

3. 条形码数据管理

系统启动之后，进入屏幕主菜单，它共包含记录、查询和打印三个功能处理模块。其中条形码处理模块主要包括入库、出库和盘库操作中的数据处理。系统通过条形码阅读器自动识别入库、出库输送系统上通过的托盘条形码，并实时将信息上传到计算机系统，经确认无误后由系统指挥输送线将托盘送往出入库相应的目标位置。

入库作业：由拖车或者 AGV 小车将物品运送到入库理货台，同时人工将物品放置在托盘中，然后将设计和打印好的条形码贴于相应的托盘上。此时由入库人员手持条形码阅读器识别托盘条形码信息并将之传送到计算机。通过出入库程序与物品跟踪系统的数据以唯一标识码确认相对应的货位，进行校验后，生成入库数据，以保证系统与物品跟踪系统的紧密结合，使系统能切实满足仓库管理需要。此时由仓储管理系统发送指令到输送系统，将托盘送到入库台，再由堆垛机将托盘搬运到指定的货位。

出库作业：根据出库作业单将数据输入到仓库管理系统中去，按照相应的出库原则下达出库作业指令，堆垛机按指令将指定货位上的物品运送到出货台上，再由输送系统将其送到指定的出库理货台。出库人员使用条形码阅读器对出库物品进行数据采集，采集人员通过阅读器直接扫描查询物品信息，再特殊情况下可通过阅读器进行人工增减。阅读器的识别距离为 5cm～30cm，可存储数以万计的信息。出库人员将阅读器接入数据通信口，资料识别软件将自动把资料由阅读器传递到计算机，计算机根据唯一识别码把将出库产品的详细资料显示出来，自动根据合同、取货单等进行校验，避免出库错误。

盘库作业：仓库员用便携式条形码终端对货位进行扫描，扫入货位号后，再对相应货位上的物品条形码进行扫描。完成上述操作后，继续对第二个货位及货位上的物品条形码进行扫描。重复上述步骤，直到把仓库中的物品全部点清。最后将条形码终端中采集到的数据通过通信接口传给 PC 机，并对采集到的信息表进行处理，同时核实库存信息。此时，对仓库中的错误信息进行相应的操作处理。条形码的使用和数据管理流程如图 6-8 所示。

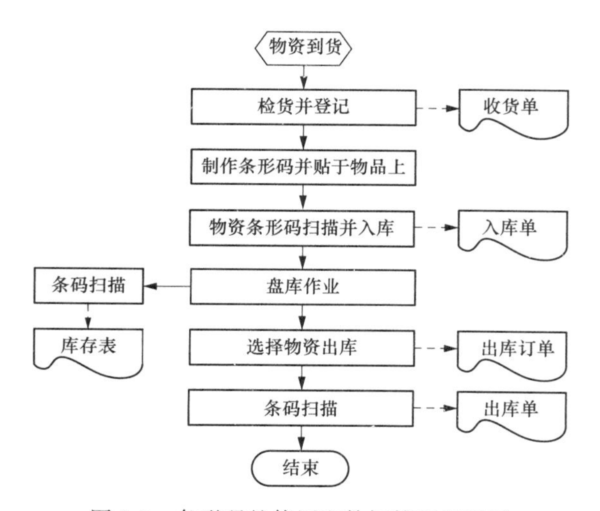

图 6-8　条形码的使用和数据管理流程图

6.3.2　RFID 技术在周转箱信息采集识别中的应用

6.3.2.1　RFID 技术基本原理

RFID 系统基本原理是利用天线射频电磁波信号的空间耦合传输特性，通过耦合空间的能量传递和数据交换，实现对物品的自动识别和信息采集。射频信号的耦合可分为电感耦合和电磁反向散射耦合两种，其原理如图 6-9、图 6-10 所示。

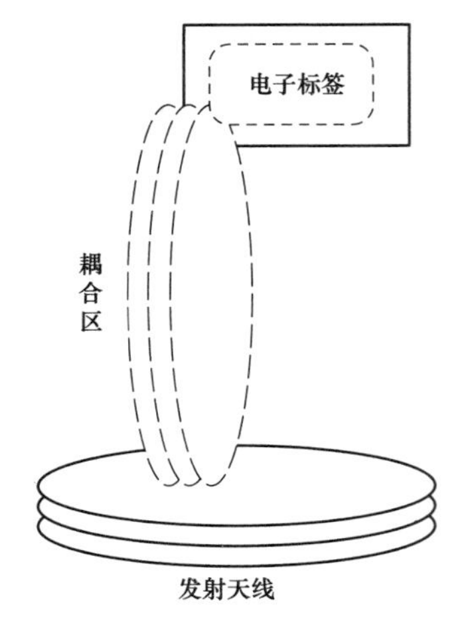

图 6-9　射频信号的电感耦合原理图

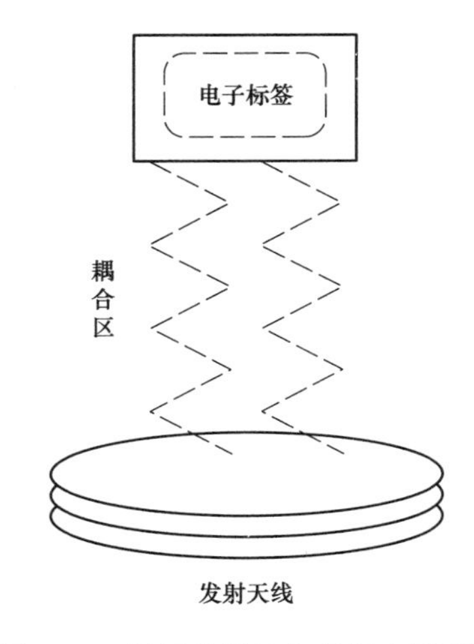

图 6-10　射频信号的电磁耦合原理图

电感耦合。电感耦合依据的是电磁感应定律，通过空间交变电磁场实现耦合，主要应用于天线电磁辐射的近场区，类似于变压器模型。天线的近场区域以感应场为主，在这个区域，电磁波能量几乎不向外辐射，而是在天线周围以能量交换的方式存在。在耦合过程中，阅读器的天线相当于变压器的初级线圈，电子标签的天线则相当于变压器的次级线圈，二者构成一个闭合回路。阅读器天线工作时，天线线圈产生高频的电磁场，其一部分磁力线穿过电磁近场区内的电子标签天线线圈，通过电磁感应产生电压，经电子标签内部电路整流后作为标签工作电源。在电感耦合中，阅读器与标签之间的数据传输则通过负载调制方式实现。电感耦合方式一般应用于近距离工作的低频率 RFID 系统中，典型作用频率为：13.56MHz、225 kHz、125kHz。

电磁反向散射耦合。电磁耦合方式依据的是电磁波的空间传播理论，阅读器天线工作时，将阅读器射频信号以电磁波的方式向外部空间发送，并在一定距离范围内形成有效识别区域，电磁波在碰到电子标签后，一部分电磁波被标签吸收作为自身工作能量，另外一部分则携带标签信息向外散射，最终反射回阅读器天线，实现阅读器与标签的数据信息传输。这种耦合方式与雷达技术中利用反射波进行目标方位和距离测量的原理相似。电磁反向散射耦合方式主要应用于 915MHz，2.45GHz 等超高频和微波频段的 RFID 系统中，通信距离较远，可达几米到几十米以上。

典型的射频识别系统主要由以下部分组成，如图 6-11 所示。

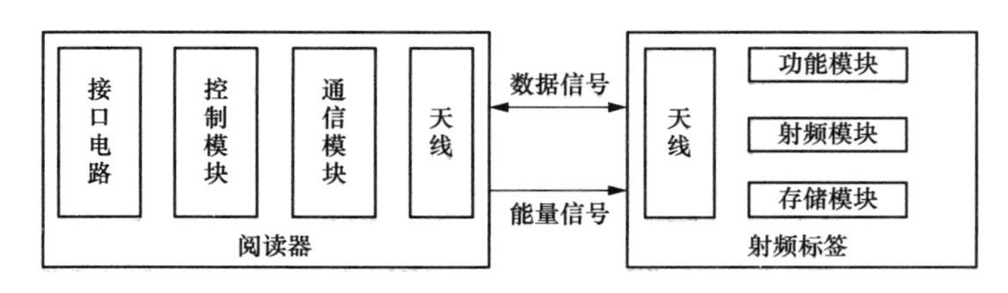

图 6-11　射频识别系统组成图

(1) 阅读器：RFID 阅读器内部包含了内置天线、耦合元件和芯片等功能部件。阅读器的主要任务是控制无线信号的接收和发送，并且阅读器可以进行位置的灵活布置。在发送状态时，阅读器通过天线将无线信号传播到天线周围的空间区域内，等待标签的接收。在接收状态时，阅读器利用射频收发器接收内置天线接收到的无线信号，通过芯片解码后，将识别认证信息连同标签上反馈的数据信息通过有线或无线的方式传输到计算机控制器，以供处理。目前，常用的 RFID 阅读器可分为低频阅读器、高频阅读器、超高频阅读器和微波（Microwave）阅读器，在不同的场合，可以根据需求灵活选择。

（2）标签：由耦合元器件、内置天线和芯片组成。标签能够存储一定量的数据信息，存储容量一般为 32bit-32000B，并且可以根据用户的需求进行扩展。每个标签的 ID 编码号唯一，体积较小，可以依附于物体的表面，甚至能够植入体内。标签可分为主动标签和被动标签两大类，又可称为有缘标签和无源标签。被动标签缺少直接的能源供应，通过阅读器发送的电磁波产生所需能量，满足其在通信和处理时候所需，所以它在通信和处理信息方面的能力较弱，只能工作在简单的状态下，不具备媒介监听的能力。而主动标签内部含有供给电源，可以满足标签在通信和处理信息方面的能量需求。在某些场合，主动标签还可以添加处理某些如大气压或是环境温度等的扩展功能。还有一类标签，称为半主动式标签，标签内部虽然含有供给电源，但是产生的电力只能够满足驱动标签的内部芯片所需，保证了芯片的工作状态，这样的好处是标签的内部天线可以更高效的作为回传信号功能使用，反应速度和工作效率比被动式更优异。但是半主动式标签并不主动发射数据信息，只有当标签接收到读写器发射的激活电磁信号之后，标签才会发送自身的数据信息。

（3）天线：在超高频阅读器和微波阅读器上，一般都配有外接的天线，天线兼有信号强度放大的功能，使其能够将无线电信号发送到更远的范围。在通常的情况下，大部分的电磁波是从天线的顶端发射出去的，但是在实际的应用中，阅读器发射的电磁场分布会受到天线构造、多路径效应和外界电磁波干扰而产生畸变。其中，阅读器在处理信号时候遇到的最多的干扰便是多路径效应。在室内复杂环境下，会存在诸多的因素导致电磁波发生散射、反射和绕射，这些干扰最终导致多路径效应的发生。然而环境中的复杂因素往往不易改变，所以，多路径效应也是无法避免的。在实际应用中，为了减少人为的信号传播盲区，尽可能地避开障碍物，减少多路径效应，阅读器需要进行合理的布置，保证阅读器和电子标签间的可视。

在一个完整的 RFID 系统中，计算机控制器通过阅读器向周围的空间发射无线信号，或者标签主动的向周围的阅读器发射无线信号，计算机控制器经过一定的信息处理可以获得阅读器与标签之间的位置关系，最终完成对标签或者阅读器坐标信息的确认。

图 6-12 为 RFID 系统的主从结构示意图，它显示出了计算机控制器、阅读器和标签三者之间的联系，也显示了 RFID 系统的工作方式。由图可知，计算机控制器向阅读器发出命令信号，并能够接收从阅读器传过来的响应信号，计算机控制器是主结构，阅读器是从结构；阅读器接收到计算机控制器发送过来的命令后，通过天线（或是内置天线）向标签发送命令信号，标签接收到了命令信号后，经过天线发出响应信号，阅读器收到响应信号后，向计算机控制器发送响应信号，在这个过程中，阅读器是主结构，标签是从结构。

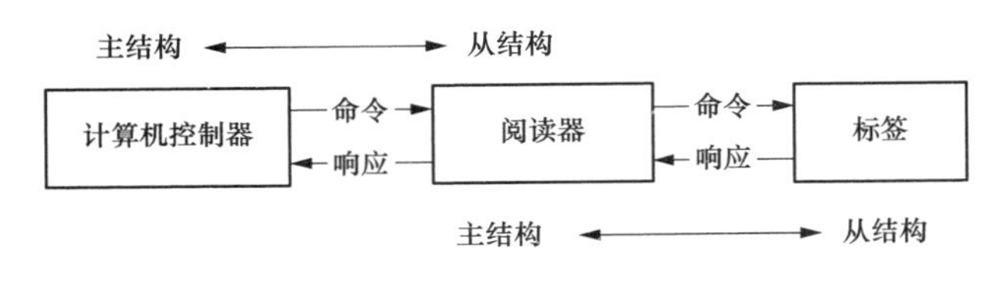

图 6-12 RFID 系统主从结构

6.3.2.2 RFID 技术在周转箱信息采集识别中的应用

基于 RFID 技术的仓库管理系统设计的主要目的是实现物品出入库控制、物品存放位置及数量统计、信息查询过程的自动化，方便管理人员进行统计、查询和掌握物资流动情况，满足物流实验室立体仓库的需求。RFID 是利用射频识别电子标签作为产品识别信息采集的技术纽带，通过在仓库出入口设置的固定读写器或手持式读写器对物品进行自动识别，同时结合数据管理信息中心，对产品的详细信息进行实时查询，以达到自动化存取的目的。自动化立体仓库物流系统中的 RFID 管理结构如图 6-13 所示。

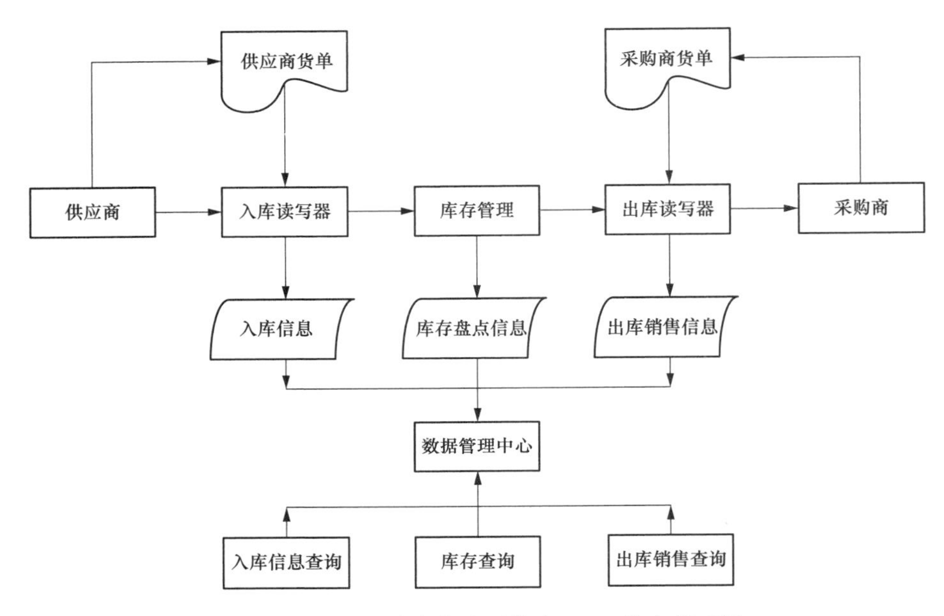

图 6-13 自动化仓库物流系统中 RFID 信息管理图

6.3.3 RFID 识别技术的优势

RFID 的应用与开发在全球不断兴起，并严重威胁了条形码的地位，大有取而代之的趋势与优势。新事物的产生，往往具有它独特的魅力，对于 RFID 的出现也不例外。现在的自动识别手段很多，主要有光学字符识别技术、磁字符识别技术（MICR）、磁性条识别技术及其视觉系统（NWS）、条形码自动识别技术以及 RFID 射频识别技术等。在这些识别手段中，如今应用较为广泛的当属于条形码和 RFID，而且 RFID 的增长速度飞快，其应用比重也在不断地增加。它具有一系列的优点，具体为：

1）快速扫描：条形码一次只能扫描到一个，RFID 读写器可同时读取数个 RFID 标签，而且可以写入和存取数据，写入时间相比打印条形码更少；

2）体积小型化、形状多样化：RFID 在读取上并不受尺寸大小与形状限制，不需要为了读取精确度而配合纸张的固定尺寸和印刷品质。此外，RFID 标签更可朝小型化与多样化发展，以应用于不同产品；

3）抗污染能力和耐久性：传统条形码的载体是纸张，因此容易受到污染，但 RFID 对水、油和化学药品等物质具有很强抵抗性。此外，由于条形码是附于塑料袋或外包装纸箱上，所以特别容易受到折损；RFID 标签是将数据存在芯片中，因而可以免受污损，使用寿命长，而且可以在恶劣环境下工作。

4）可重复使用：现今的条形码印刷上去之后就无法更改，RFID 则可以重复地新增、修改、删除 RFID 标签内储存的数据，方便信息的更新。

5）穿透性和无屏障阅读：在被覆盖的情况下，RFID 能够穿透纸张、木材和塑料等非金属或非透明的材质，并能够进行穿透性通信。而条形码扫描机必须在近距离而且没有物体阻挡的情况下，才可以辨读信息。

6）数据的记忆容量大：一维条形码的容量 50Bytes，二维条形码最大的容量可储存 2～3000 个字符，RFID 最大的容量则有数兆。随着记忆载体的发展，数据容量也有不断扩大的趋势，未来物品所需携带的信息量会越来越大，对卷标所能扩充容量的需求也相应增加。

7）安全性高：由于 RFID 承载的是电子式信息，其数据内容可经由密码保护，使其内容不易被伪造或变造。

8）不需要光源：条形码读取时需要有光线，但是 RFID 不需要光线就可以读取或更新卡片内容。

9）正确性高：条码要靠人工读取，所以有错误的可能性，但是 RFID 标签可以传递资料，可以作为物品的追踪与保全，正确性比较高。

7 工 程 示 范

计量自动化终端自动化检测系统可以最大限度地消减人为因素，减少由于人工的不规范操作而造成的物品损坏与误检，提升计量自动化终端输送、存储、检测等过程的准确性和可靠性，避免人为错误；智能控制，灵活性好，具有非常优化的调度能力，自动完成周转箱的物流传输、终端检测、信息管理以及安全监控等功能，能够让计量自动化终端存储、检测更加有序，可以大幅提高计量自动化终端检测、出入库、配送的工作效率；实现无人值守、智能化传输，广泛应用自动传输、自动检测、信息管理、安全监控等先进技术，可以实现电力公司技术装备的升级，从长远看能够降低成本，有利于深化发展方式的转变。

为提高计量自动化终端检测自动化、智能化水平，结合现有计量资源与外部环境，本章以云南电网有限责任公司电力科学研究院计量自动化终端自动化检测系统为例，阐述电能计量自动化终端自动化检测系统的总体设计方案、关键技术方案和经济效益。

7.1 系 统 总 体 设 计

7.1.1 设计基本原则

计量自动化终端自动化检测系统设计中，按照南方电网公司标准 Q/CSG 11109002—2013《计量自动化终端系列标准》，遵循系统完整、通畅实用、安全可靠、先进成熟、规范标准的设计思想与原则进行系统设计和设备选型。

先进性：采用先进的设计思想，先进的设备，先进的技术，先进的软件系统，先进的网络结构，组成先进的系统。符合业界的发展趋势，从而保护用户在系统上的投资以及运行在其上的应用。

实用性：以能满足用户当前的实际需要为主要出发点，考虑用户预期可能的需要，力求用户能获得最大直接效益和用户易于掌握、便于使用。在设计上满足物流整体通畅的工作流程。

经济性：在满足应用要求的基础上尽可能降低造价。

安全性：系统安全措施有效可信，能够在多个层次上实现安全控制。

可靠性：包括硬件设备的可靠性和软件系统的容错性。方案中的主要设备部件和关键部件选用国内外知名公司标准、成熟、可靠的产品。

开放性：指采用统一标准的系统接口、通信协议，使系统能兼容不同厂家的同类设备，同时又能适应未来新技术的发展。在系统设计中尽可能考虑选用符合国际或国内标准的通用设备，为系统升级、扩展留有余地。

扩充性：所有基础设施（材料、部件、通信设备）遵循标准化，因此无论计算机设备、通信设备、控制设备随技术如何发展，将来都可很方便地将这些设备连到系统中。

模块化：使系统具有良好的可扩展性和维护性，模块化设计便于系统的集成和维护、流程的修改、业务的变更，具有良好的可扩展性和互操作性。

易维护性：采用集中式的控制管理与分布式的具体应用相结合的模式。应用系统具备较好的自适应能力，关键硬件设备模块化结构，具有热插拔功能，易于维护并降低维护成本。

交互性：系统将采用友好的人机界面，使系统更好的贴近用户的操作习惯。如在计算机屏幕上使用图形动态模拟现场设备的动作，将使现场设备的监视与控制更加直观、方便。

整体性：充分考虑到系统的各方面因素，实现整体系统优化设计、安全的数据管理、高效的事务处理、友好的用户界面。

规范化：在系统设计开发中遵循国家颁布的软件工程设计标准，采用通用先进的面向对象分析与设计思想和方法，按行业标准对系统开发全程实行规范化管理。

7.1.2　系统总体设计方案

7.1.2.1　总体方案布局

计量自动化终端自动化检测系统及配套仓储系统为1套，位于云南电网公司技术分公司电能计量高压试验楼三层，占地面积约为 $23m\times13m=299m^2$。按照4个20表位检测单元总计80表位设计实施，其中3个20表位卧式检测单元、1个20表位立式检测单元，另外，在人工台上增加两表位的脱离系统控制、纯人工检定的互动终端检定单元。根据检测工作量的大小和检测项目内容的增加，可以通过对检测方案的调整、增加检测单元数量来对系统进行扩展。布局如图7-1所示。

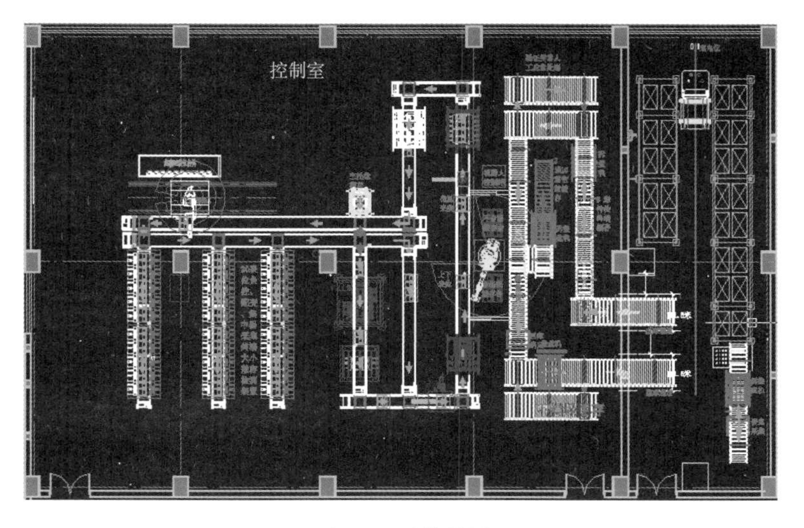

图7-1　总体设计

根据场地条件和检测规模要求，建立配套的储分一体化系统，包括软件管理系统、输送系统及货架等整套软硬件系统，能够实现与检测系统及其他信息系统的无缝对接。待检终端通过自动导向车（Automated Guided Vehicle，AGV）由货架输送至检测系统与储分一体化系统接驳口的滚筒输送线上，然后输送至检测系统进行检测；检测系统的计量自动化终端（周转箱装载）采用滚筒输送线输送至接驳口，通过 AGV 车进行入库、库位绑定；新的计量自动化终端到货入库验证，通过人工拆纸箱装周转箱，放置输送线进入射频门进行计量自动化终端和周转箱的信息采集与绑定，并上传至信息系统，如果出现异常，报警提示人工处理；绑定成功进行叠盘，周转箱垛则通过 AGV 车入库、绑定货位。系统将整个复杂的管理与控制过程划分为若干个功能模块，每个模块完成各自的功能，在控制中心的管理下依次完成出库、检测、回库的流程。

计量自动化终端自动化检测系统采用开放式布局，与平库仓储系统无缝连接，形成相对独立却又联系紧密的空间，相互之间进行物流输送、数据交互；与平台通过接口接收检测任务和上传相关的检测数据，系统构成如图 7-2 所示。

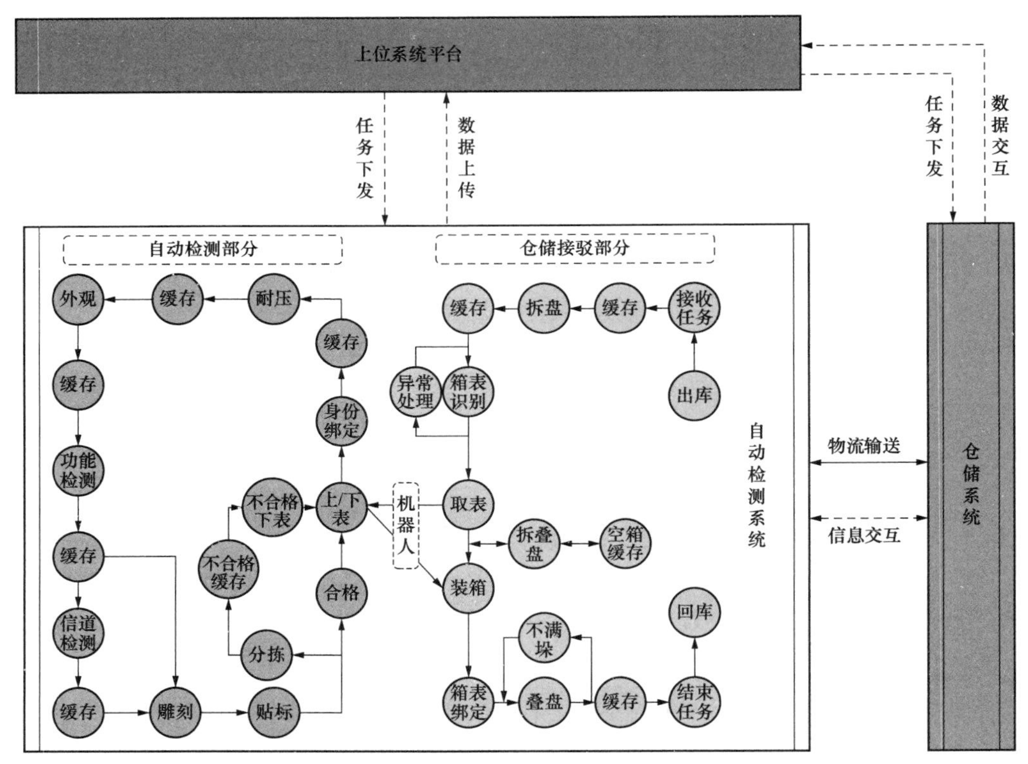

图 7-2　计量自动化终端检测系统构成图

7.1.2.2　自动检测系统设计

1. 自动检测系统总体设计

计量自动化终端自动化检测系统设计如图 7-3 所示，由 4 个 20 表位检测单元与配套的功能专机、输送线组成。检测线主要包含仓储接驳子系统、空箱自动存取子系统、自动上下料/分拣子系统、终端自动传输子系统、自动耐压测试子系统、CCD 外观检测子系统、多功能检测子系统、信道检测子系统、自动雕刻子系统、自动贴标及验证子系统等 10 个子系统组成。

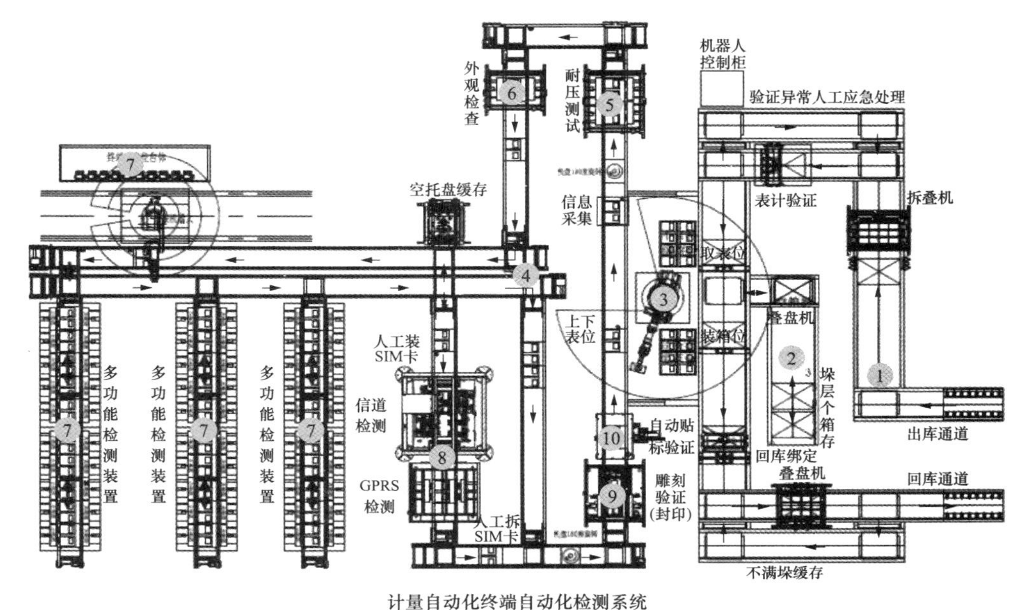

注 1 仓储接驳子系统； 4 终端自动传输子系统； 7 多功能检测子系统； 10 自动贴标及验证子系统；

2 空箱自动存取子系统； 5 自动耐压测试子系统； 8 信道检测子系统；

3 自动上下料/分拣子系统； 6 CCD外观检测子系统； 9 自动雕刻子系统。

图 7-3 计量自动化终端自动化检测系统

（1）仓储接驳子系统。

仓储接驳子系统为一套周转箱处理系统，主要功能是自动实现周转箱的整垛接收、整垛输送、周转箱及终端识别判定、单个满箱移至上料位（各上料位设置相应的缓存位置）、空箱输送、空箱码垛、整垛空箱输送及存储、空箱拆垛、单个空箱移至下料位、周转箱（终端）识别及绑定、满箱输送、满箱回库、特殊情况下的空箱出入库等处理，相关信息及时上传。空箱存储空间容量满足检测系统所有在线终端装箱回库的需要。

（2）自动上下料/分拣子系统。

待检终端箱通过料箱输送模块输送至上料模块，上下料模块采用六自由度柔性系统机器人完成，机器人根据检测终端种类完成终端的抓取，每次可完成 1 只终端的抓取。上料机器人自动把待检终端从料箱中取出，放入输送线的检测托盘中，每个托盘放置 2 只终端。具体功能为自动完成精确定位、终端抓取、终端移载、终端方向匹配、终端定位放置等处理。

（3）终端自动传输子系统。

具有分拣输送功能，能识别不同类别的终端，并按品规自动分配到不同的项目检测模块。检测后按品规、合格品与不合格品进行分流至不同区域。具有抽检功能：对检测完毕后的终端进行抽检验证试验；对检测完毕后的不合格终端进行复检功能；支持人工上线、下线操作。

（4）自动耐压测试子系统。

自动耐压测试子系统在被检终端进入测试位置后，完成端子的自动插接，自动读入检测方案并开展测试，自动判断检测结果，并将检测数据存储、上传。表位数量的配置，满足试验节拍和输送效率的需要。

（5）CCD外观检测子系统。

终端外观检查单元配备CCD工业相机、专业光源及专业图像处理软件，实现如下功能：够进行自动接线、模拟运行工况；进行外观、铭牌、指示灯等内容的检查；能够自动完成终端LCD液晶显示检测；可在终端第一次预检时拍下各屏画面作为标准图片，并对后续上线的同批次、同厂家、同品规终端自动拍下各屏画面与标准图片进行比对；自动拍下液晶初始画面并与标准图片进行比对，判定有无不显、缺段、破损等不合格项；检测的照片能够自动存档，并处理、上传；错检率为0，误判率小于1%。

（6）多功能检测子系统。

多功能检测子系统满足以下功能需求：自动进表、出表；故障的智能化处理功能；多功能检测子系统的试验项目及需求；输出与控制；与被检表的通信；装置稳定性；标准表采用一主一备的方式，能够实现在检测过程中自动完成期间核查等考核性试验工作；装置电源部分独立设计，便于检修，能够在运行中直接退出，整体更换，而不影响整条线体的工作。

（7）信道检测子系统。

人工装SIM卡，托盘进入检测单元获取管理平台下发的终端信息，其中除基本电压电流等之后还包含终端地址、行政区码、终端IP地址、主站IP、主站端口等必要信息。

预先检测RS485通信：接驳完成升源，等待源以及终端通电稳定后，通过获取的终端地址和行政区码，使用RS485进行本地通信。通信检测日历时钟，连续1min内读取10次，每次都能读取到检测RS485通信合格，关源。

RS232通信：插入RS232线后，升源等待终端通电，具体检测步骤流程与RS485相同。

以太网通信：接驳完成升源，等待终端通电稳定之后，使用RS485或RS232设置终端的IP地址、主站IP地址、主站端口号、设置心跳间隔为1min。设置完成之后让终端重新启动。等待终端启动接收其心跳，如果收到下发回复确认指令（连续三次没有收到心跳指令，程序判断为不合格），然后发送日历时钟命令，连续1min内读取10次，每次都能读取到检测以太网通信合格，关源。

GPRS通信：接驳完成升源，等待终端通电稳定之后，使用RS485或RS232设置终端主站IP地址、主站端口号，APN等参数、设置心跳间隔为1min，设置完成之后让终端重新启动。等待终端启动接收其心跳，如果收到下发回复确认指令（连续三次没有收到心跳指令，程序判断为不合格），然后发送日历时钟命令，连续1min内读取10次，每次都能读取到检测GPRS通信合格，关源完成信道检测。

（8）自动雕刻子系统。

自动激光打码单元主要由自动定位、检查及验证装置，激光雕刻，二维码扫描设备组成，负责自动完成合格终端自动雕刻及验证工作。

自动激光打码单元能够在终端检测工作完成之后，对合格终端大盖的封印自动进行检查，对满足要求的终端自动按系统要求进行激光雕刻二维码，刻码后自动进行验证，并将信息绑定、上传，不合格的终端在下料处集中分拣、装箱。

（9）自动贴标签及验证子系统。

自动贴标单元能够在终端的一侧贴合格证标签，能够在已有标签或空白标签上自动打印检测日期、批次等信息，并将合格标签自动粘贴在终端指定位置，然后对贴标结果进行检查。

其工作效率在满足检测系统要求的基础上预留20%以上的冗余。贴标成功率大于99.5%，贴标完好性识别准确率为100%。

2. 自动检测系统功能

自动检测系统自身构成一个局域网，采用网络化控制。其上位系统为平台，检测系统从平台接受检测任务等数据并上传检测结果。检测系统的平行系统为仓储系统，通过数据接口，接受仓储系统交互物流信息。

系统采用备份服务器，防止服务器崩溃导致不能使用。检测系统平台使用操作权限安全管理策略。用户必须经过登录才能使用该系统，并在系统定义的权限范围内进行操作。软件设计采用 .NET 框架，选用结构化设计和面向对象设计的方法。充分保证系统的稳定性、可修改性和可重用性，使得应用软件系统具有较长的生命周期。

数据库系统使用ORACLE数据库，具有统一的管理和控制功能，对数据库中口令字段进行加密。可与其他系统共用数据库，支持与其他系统的数据交换和共享。数据库采用关系型数据库，满足数据库设计第三范式的要求。采用国家、网、省电力公司规定的统一数据格式提供报表，也可按照用户要求提供相适应的报表及与相关的系统交流的综合信息的设计。对数据库的各类操作具有统一的管理和控制功能。提供自动数据库备份功能，备份周期和时间可设置。

检测系统平台各个工作单元的设备实现模块化操作，可单独作业，并有冗余备份、日志系统和其他应急措施，具备自恢复能力、支持错误处理、故障隔离。各模块间连接简单可靠，维护方便。

自动化检测系统的建设大大提高终端检测的效率，系统操作简单，管理方便，集成化程度高，能够满足用户实用、先进、安全、可靠等性能的要求。检测系统根据南方电网及云南电网公司相关规程、规范、标准对终端进行全自动化检测。主要实现以下功能：

实现储分一体化系统与自动化检测系统的自动传输，在人工将平库仓储系统终端周转箱叉取至接驳口后，由仓储接驳单元输送系统输送至检测系统上表位置后，通过六自由度机器人根据信息识别系统识别信息将终端从周转箱取出放入自动化检测系统输送线的对应终端种类检测托盘上，由输送设备依次自动送入系统内部各检测环节。检测完毕，由六自由度机器人将已检测终端分拣、装箱，在输送过程中对已检测终端进行智能识别，合格终端与不合格终端分类下线自动组箱组垛，并自动传输至与仓储系统的接驳口。

实现终端进入测试位置后，完成端子的自动插接，自动读入耐压测试方案并开展测试，自动判断测试结果，并将检测数据存储、上传。

实现终端自动接线、模拟运行工况，对终端的外观、铭牌标志、指示灯进行拍摄，自动完成终端 LCD 液晶显示检测。根据被检终端的品规，调用预先设置的标准方案进行比对判别，将判别结果和不合格图片上传至数据库。

多功能检测单元为 20 表位终端检测单元，可在同一装置上自动完成误差、多功能等检测规程和公司技术规范所规定的检测项目。在检测过程中不需更换接线，一次性压接完成所有检测项目。

实现检测合格后的终端通信功能的检测，先通过信道检测专机，由专机自动实现模拟 SIM 卡、RS232、以太网口以及红外信道的通信检测，然后通过人工装 SIM 卡，完成后输送至信道检测专机对终端的 GPRS 等通信功能进行检测，检测完毕由人工将 SIM 卡取出。

实现检测合格后的终端自动激光雕刻，激光雕刻单元能够在终端检测工作完成之后，对合格终端大盖的封印自动进行检查，对满足要求的终端自动按系统要求进行激光雕刻二维码，刻码后自动进行验证，并将信息绑定、上传，不合格的终端在下料处集中分拣。

实现检测合格的终端自动粘贴标签，将合格标签自动粘贴在终端指定位置，对贴标结果进行检查。

实现自动化检测系统故障自动判断、故障报警、故障自动恢复、永久故障自动切除及其保护等功能。检测系统能自检，对传输线、自动压接、自动检测等的各设备出现的故障能采取提示、声、光等报警方式，并明确显示出现故障的设备。对于可及时处理的故障，处理后能手动恢复，并再次自检。对于无法处理的故障，能自动切除并隔离，不影响其他设备的正常运行，当检定单元有表位因故障人工隔离后，物流调度系统直接在机器人处进行上下表智能排序，故障的检定表位不会上表，以增加系统的智能性和可靠性，减少误检率。

实现检测流程及检测数据的汇总与平台的数据交互、与仓储系统的物流信息交互。检测系统自动抽取检测计划中的检测人员、检测日期及温湿度感应系统中的温湿度信息，检测记录数据由自动化检测系统保存后自动上传至平台数据库，内容包括终端厂家、批次、终端条码、额定（最大电流）、额定电压、检测日期、检测人员、检测温湿度、各规程检测数据。检测数据可按照检测记录、检测证书格式打印。

实现终端检测的月、季、年报表统计，终端检测、各种检测信息统计等工作；实现管理、检测的实时性和准确性；提高对终端的管理、检测水平；提高终端检测工作效率、降低差错率，并且具有信息可追溯性。

3. 自动检测系统工作流程

（1）仓储接驳部分流程。

由图 7-4 可知，待检终端箱/垛从平库出库后进入检测系统仓储接驳单元“①待检终端缓存线”（可至少缓存 1 批次 4 垛待检终端），当需要执行检测任务时，通过“②拆盘机”将整垛周转箱拆成单一周转箱，通过“③表箱验证单元”对周转箱和终端进行一致性验证，验证失败的终端箱，输送出主输送线，由“④人工干预”后重新验证。验证通

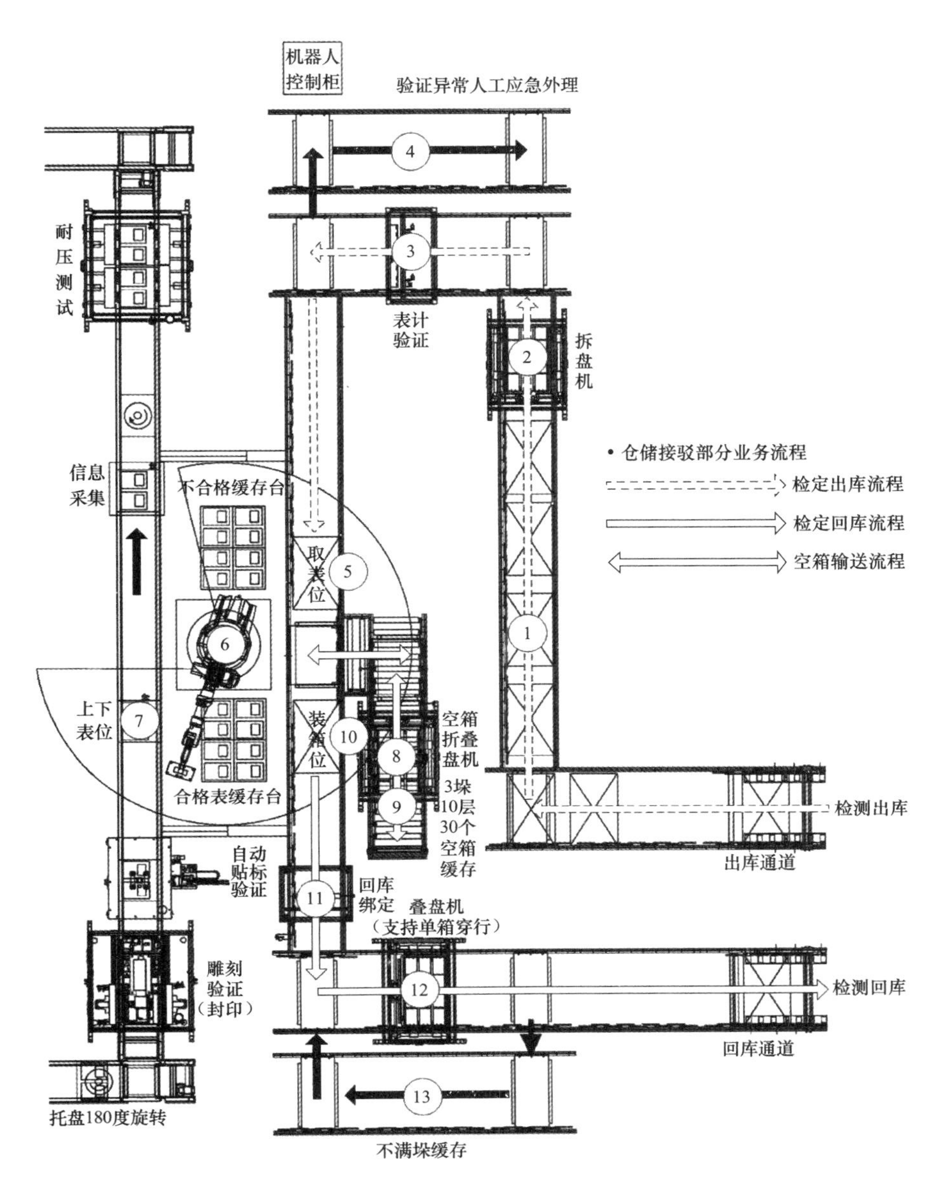

图 7-4 仓储接驳部分流程图

注 ①～⑬对应为文中的 13 个步骤。

过的终端箱输送至“⑤取表位”，由“⑥上/下表机器人”将待检终端从“⑤取表位”的周转箱中抓取到托盘输送线“⑦上表位”的空托盘里，由托盘输送线输送至各工位进行检测。抓取完毕终端的空周转箱经“⑧空周转箱拆叠盘机”进行码垛，每码成 10 层/垛的空周转箱进入“⑨空箱缓存区”缓存（可缓存 30 只空箱），等待检测完毕的终端进行装箱使用，空周转箱无须实时回库，减少库房出入库频次。终端检测完毕后，空周转箱垛经“⑧空周转箱拆叠盘机”拆成单箱，输送至“⑩装箱位”，由“⑥上/下表机器人”将检测完毕的终端从“⑦下表位”载终端托盘上抓取至“⑩装箱位”的空周转箱中（检测完成托盘上不合格的终端，由“⑥上/下表机器人”预先进行分拣并缓存），装满终端的周转箱输送至“⑪箱表绑定”工位进行入库前的数据绑定，绑定完成输送至“⑫叠盘机”工位叠成5层/垛的周转箱垛进行回库，对于相同任务相同状态的满箱终端叠成同一垛，对于不同任务/不同状态的满箱终端进入“⑬不满垛缓存”工位进行缓存处理，待后续检测完成装箱后与相同任务相同状态的满箱终端叠成同一垛，同一任务同种状态的终端只有一个不满箱/垛的尾箱/垛产生，减少库房入库压力的同时大大提高库房货位的利用率。

（2）终端检测部分流程。

由图7-5可知，“①上表机器人”将待检终端放入“②上表位”托盘后，托盘输送线将待检终端托盘输送到“③身份识别”工位，通过RFID信息识别，对托盘和终端进行绑定，通过此操作，待检终端托盘进入后续各工位后只需要识别托盘RFID就能获取托盘上所摆放终端的信息，可提高效率。信息绑定后的托盘首先进入“④耐压测试单元”进行耐压试验，耐压测试完成后由托盘输送线输送至“⑤CCD外观检测单元”进行外观测试（耐压不合格的终端在后续各工位检测时进行隔离处理，不再进行后续检测），再进入“⑥误差及多功能检测单元”，进行多功能试验。其中有3套卧式检测单元，1套立式检测单元，立式检测单元通过“⑦挂表机器人”由输送线上的托盘内取终端放置于立式检测台上进行检测，产生的空托盘经输送线输送至“⑧托盘收发装置”进行缓存，等

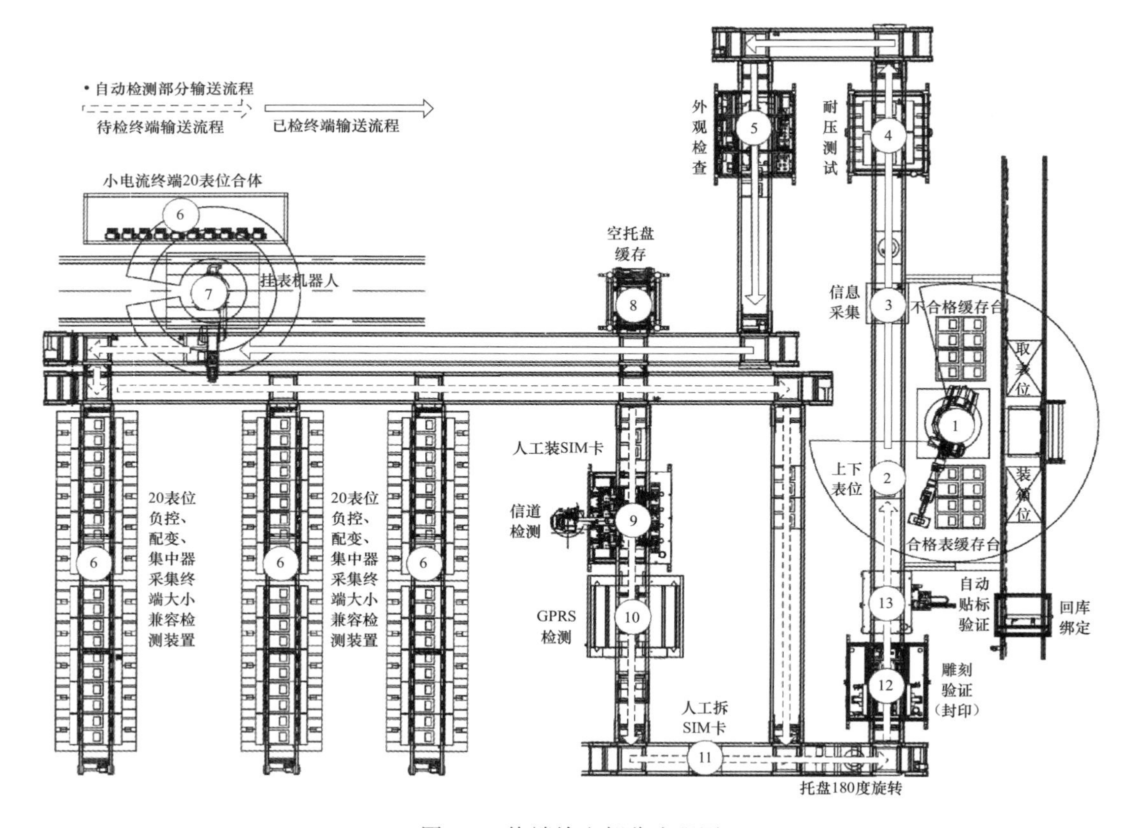

图7-5　终端检查部分流程图

注　①～⑬如文中所示。

待立式检测单元终端检测完毕后再由“⑦挂表机器人”装入托盘内。检测后判定为合格的终端输送至“⑨人工装 SIM 卡工位”，由人工在终端上装 SIM 卡，完成后输送进入“⑩信道检测单元”进行终端通信功能检测，检测完成输送至“⑪人工拆 SIM 卡工位”由人工拆下 SIM 卡。信道检测完成后输送至“⑫自动雕刻工位”进行封印扣的二维码雕刻及验证工作。雕刻及验证合格的终端最后输送进入“⑬自动贴标单元”进行贴标，并对贴标结果进行验证。最后，托盘输送至“②下表位”，系统根据托盘内终端的合格与否情况，控制“①下表机器人”将终端进行合格与不合格分拣缓存，待同任务同状态终端满箱后集中下终端装箱，完成终端的自动检测流程。

7.1.2.3 仓储系统设计

1. 仓储系统布局设计

库房货架单元的尺寸为宽 600mm×高 700mm×深 720mm。每个货格单元在深度方向存放一个周转箱垛，单垛周转箱最高为 552mm，每垛货物顶端离上层横梁距离为 145mm，满足 AGV 取货的操作空间要求；货架最底层离地面 200mm，在节省场地净空高的前提下方便 AGV 叉取最底层的货物；货架每层间距 700mm，共 3 层，货架含货物总高最高处为 2500mm，库房空间净高必须大于 2500mm，并留有适当余量，布局如图 7-6 所示。

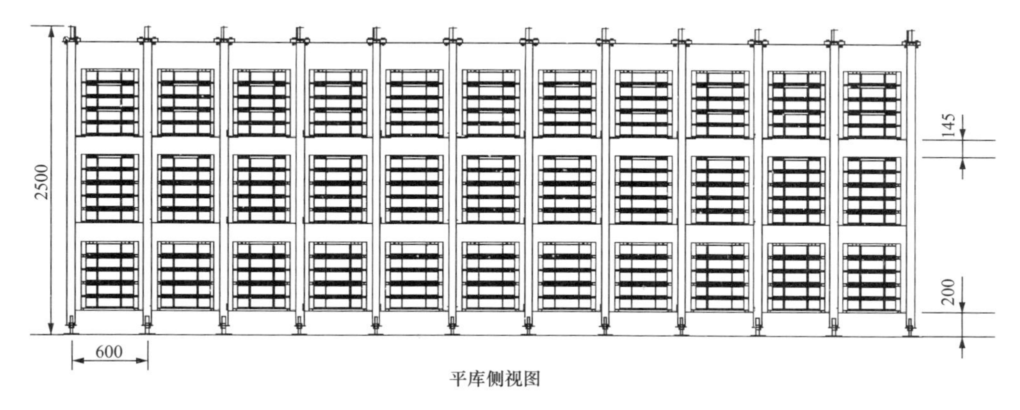

图 7-6 库房平面图

库房采用牛腿式组合货架，共 25 列，每列 3 层共计 75 货位；每个货位存储一垛 5 层终端周转箱垛（20 只/垛），最大库房存储量为 75 垛×20 只/垛=1500 只终端。每只终端重约 3kg，每个满箱周转箱重约 3kg×4+3kg（周转箱自重）=15kg，每垛周转箱重约 15kg×5 箱=75kg，货位承载大于 75kg。

按照终端存储、检测、出入库等业务的物流情况，库房主要配备信息采集设备、叠盘机、AGV 车、输送线、手持终端以及配套的信息管理系统等，实现新货入库、检测出入库、配送出库等功能。

2. 仓储系统功能

平库仓储系统为自动化检测系统的配套系统，为检测系统的待检终端、检测合格终端、检测不合格终端、待处理终端等按品规、厂家、日期、状态分区分货位进行存储；对新到货终端进行换箱、入库验证，箱表绑定、数据采集上传。通过人工根据仓库信息管理系统的要求提示，进行拆纸箱装周转箱、AGV 叉取实现终端的新货入库、检测出库、检测回库、配送出库等业务操作。具体功能包括：

1）实现新到货终端入库功能；

2）实现按照实验室检测计划终端出入库功能；

3）实现终端的分类管理功能，并按不同的状态进行管理；

4）实现终端信息数据的存储、数据与公司信息管理系统的接口；

5）实现平库系统故障自动判断、故障报警等功能；

6）实现计量器具配送出库功能。

3. 仓储系统工作流程

（1）新表入库。

系统支持纸箱到货方式，以周转箱/垛为存储介质。新终端到货后，人工剪除打包带，检查终端外观是否有破损，如有破损则由人工剔出，等待处理；如正常无破损则通过人工将终端按正确的方向、形式摆放到周转箱内，等待入库；平台下发新品入库任务；人工将要入库的表搬运至入库辊筒线上；通过辊筒线输送至信息采集工位，经 RFID、条码识别进行终端及周转箱信息采集、验证，异常则报警，由人工处理；信息验证、绑定成功的周转箱输送至叠盘机工位，由叠盘机叠成 5 箱/垛的周转箱垛，AGV 将周转箱垛放至货架区对应的货位上存储，入库完成。

（2）检定出库。

检定出库的工作流程：平台下发检定出库任务；管理系统接到上位平台出库检测任务后，分配货位地址；AGV 到该货位进行叉取周转箱垛，搬运至与检测系统的接驳口上检测线，完成后，更新库存；在检定出库口进行身份验证后进入检表线。

（3）检定回库。

检定回库工作流程：平台下发检定回库任务；AGV 在收到回库信息后到回库口取货；AGV 根据系统指示将货物放回仓位，系统更新仓位状态。

（4）配送出库。

配送出库工作流程：平台下发配送出库任务；系统自动分配出库货物；AGV 取货；系统在配送出库口完成货物解绑，出库完成。

（5）空箱出入库。

在使用过程中，产生的空箱可集中入库存放，人工扫描空箱的条码，记录空箱的数量，分配空箱的货位，更新库存。需要装箱时可调取库内的空箱使用，更新库存信息。

7.2 关键技术实现方案

7.2.1 多种终端兼容技术

以往的表计检定，不管是人工检定的台体还是自动化检定的线体，大多是针对单一表计的检定，而计量终端有很多种，每种计量终端的数量较少，如果线体仅支持一种计量终端，可能因线体闲置造成巨大的产能浪费，而建设多条线体又需要耗费巨大的成本和占地面积，因此多种表计兼容检定无疑是一种低成本高产能的方案，也是柔性化生产的要求。

多种表计兼容需要考虑以下几个方面的问题：

1）输送线上传输时的表计容器需要兼容；

2）表计到达检定位置后需要完成电压、电流端子和辅助端子的自动接驳，多种表计兼容就要求多种表计的自动接驳装置可以兼容；

3）系统兼容。

7.2.1.1 容器兼容性研究

容器兼容的关键在于各类表计的外形尺寸，最理想的情况是表计的外形尺寸完全一致，那无疑是可以兼容的，如果表计的外形尺寸有差异，则需要考虑尺寸的差异性进行兼容性设计。

根据 CSG 11109006—2013《中国南方电网有限责任公司计量自动化终端外形结构规范》3.2.1 节的要求，负荷管理终端、配变监测计量终端和低压集中器的外形尺寸统一为 290mm（长）×180mm（宽）×95mm（厚），这 3 种终端的容器无疑是可以兼容的。

根据 CSG 11109001—2013《中国南方电网有限责任公司厂站电能量采集终端技术规范》4.4.1 节的要求，厂站终端的外形尺寸：

机架式终端要求采用工业标准机箱（高×宽×深：2260mm×800mm×600mm）；

壁挂式采端外形尺寸不大于 300mm(长)×210mm(宽)×100mm(厚)。

可以看到，机架式厂站终端使用的是标准工业机箱，与单独的表计检测相去甚远，无法做到兼容，壁挂式厂站终端目前仅给出尺寸范围，而没有给出统一尺寸，所以无法做到兼容。

根据《中国南方电网有限责任公司交互终端技术规范（讨论稿）》6.1.1 节的要求，交互终端外形尺寸推荐 300mm(长)×220mm(宽)×50mm(厚)。可以看到，交互终端目前给出的是推荐尺寸，并未严格要求统一尺寸，所以无法做到兼容。

根据中国南方电网有限责任公司三相电子式电能表外形结构规范 3.1 节的要求，三相电能表的外形尺寸有两种规格：

265mm(长)×170mm(宽)×75mm(厚)，主要是包含普通电子式电能表和各种内置载波及远程费控的三相表；

290mm(长)×170mm(宽)×85mm(厚)，主要包含各种外置载波和本地费控的三相表。

可以看到，无论哪种三相表的外形尺寸和计量终端的尺寸均有差异，无法直接兼容。针对该问题，设计一种可弹性容纳一定尺寸范围内物品的弹性托盘容器是可行的，如图 7-7 所示。

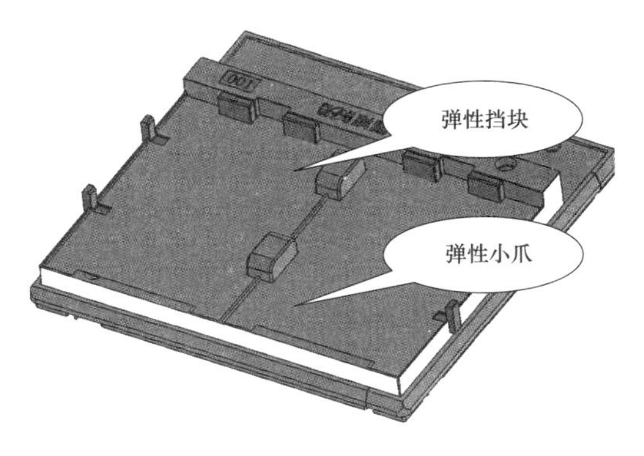

图 7-7　弹性托盘容器

托盘的上侧设计弹性挡块，左右两侧设计可开闭的弹性小爪，使用时打开弹性小爪，使内部物品可通过左右的弹性小爪进行定位，然后上侧的弹性挡块下压使物品压实。因此，该托盘可适应弹性挡块和弹性小爪弹性系数之内的尺寸变化，达到可适应一定尺寸范围内物品放置的目的。

7.2.1.2 接驳兼容性研究

接驳是否能够兼容，首先要看不同表计的电压电流端子以及辅助接线端子是否尺寸、间距一致。

根据 Q/SCG 11109006—2013《中国南方电网有限责任公司计量自动化终端外形结构规范》，负荷管理终端的接线端子规格有 2 种，包括小电流负荷管理终端接线端子和大电流负荷管理终端接线端子两种，如图 7-8 所示。

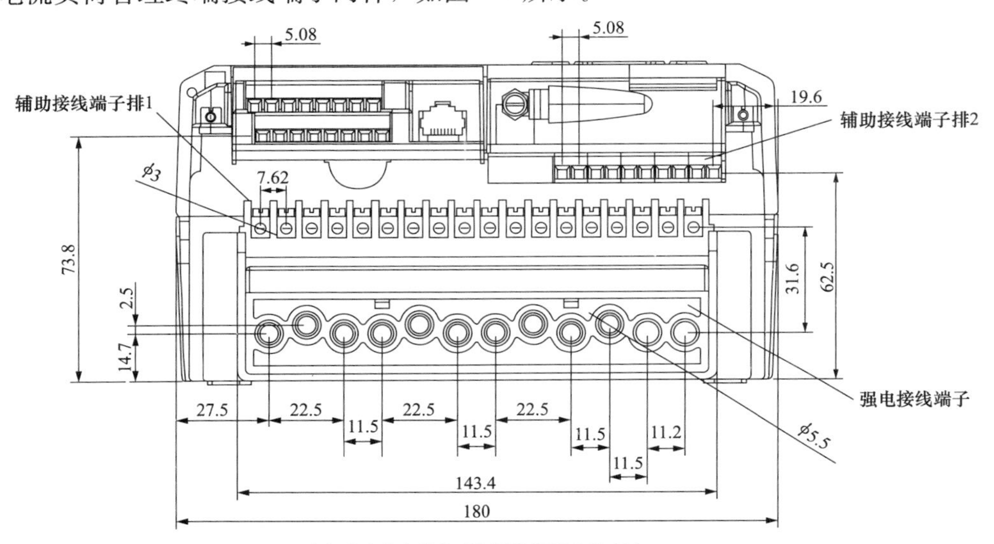

（a）小电流负荷管理终端接线端子尺寸图

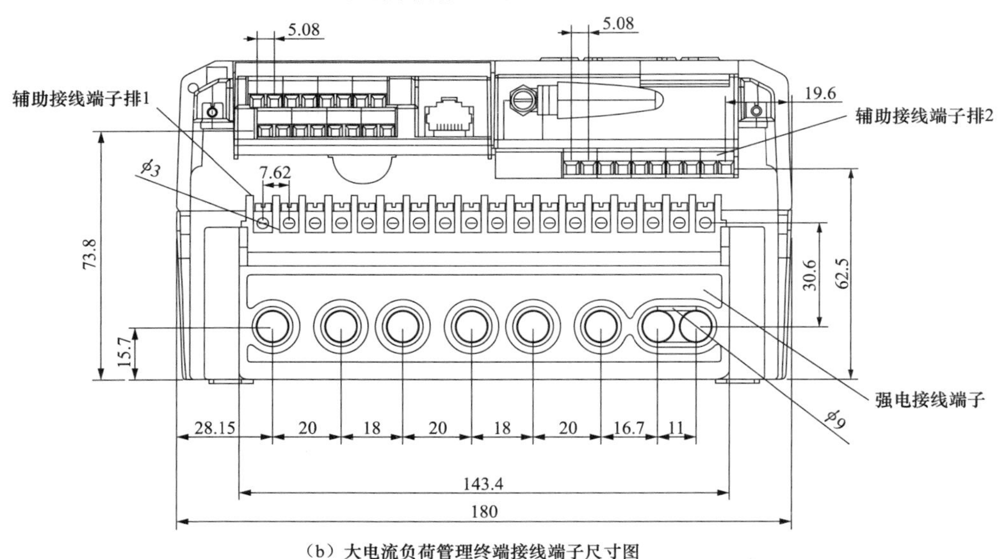

（b）大电流负荷管理终端接线端子尺寸图

图 7-8 负荷管理终端的接线端子规格

根据 Q/SCG 11109006—2013《中国南方电网有限责任公司计量自动化终端外形结构规范》，配变监测计量终端的接线端子规格有 2 种，包括小电流配变监测计量终端接线端子和大电流配变监测计量终端两种，如图 7-9 所示。

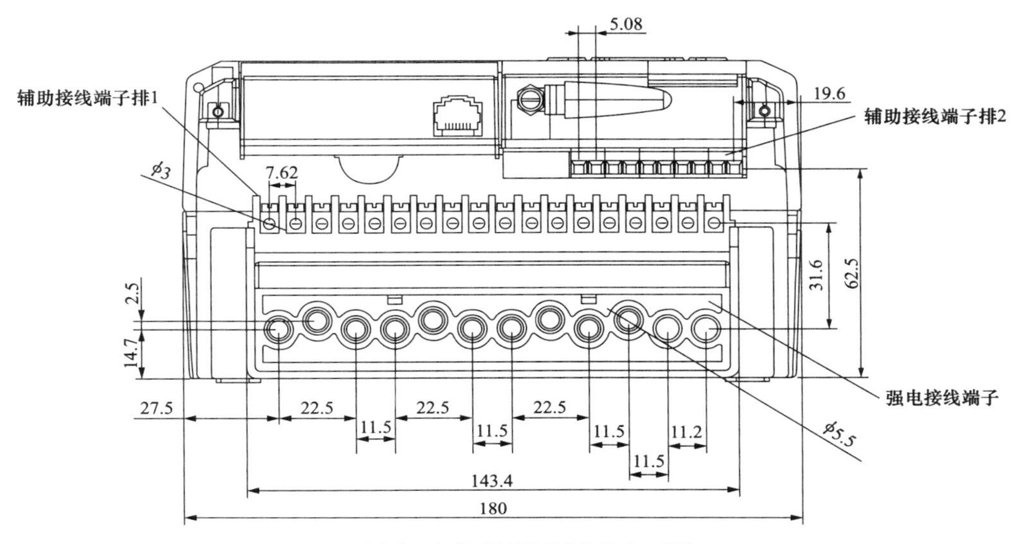

（a）小电流配电监测计量终端接线端子尺寸图

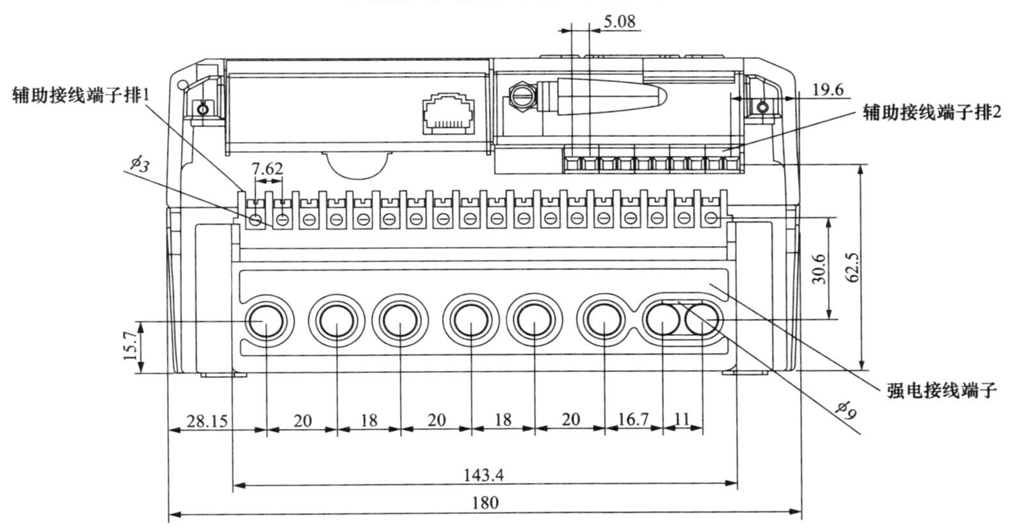

（b）大电流配电监测计量终端接线端子尺寸图

图 7-9　配变监测计量终端的接线端子规格

根据 Q/SCG 11109006—2013《中国南方电网有限责任公司计量自动化终端外形结构规范》，集中器的接线端子规格如图 7-10 所示。

由上面的几种终端的尺寸规格对比来看得知：小电流负荷管理终端、小电流配变监测计量终端和集中器的接线端子尺寸是完全一致的，大电流负荷管理终端、大电流配变监测计量终端的接线端子尺寸是完全一致的，但大小电流终端的接线端子尺寸相差很远，没有办法兼容。

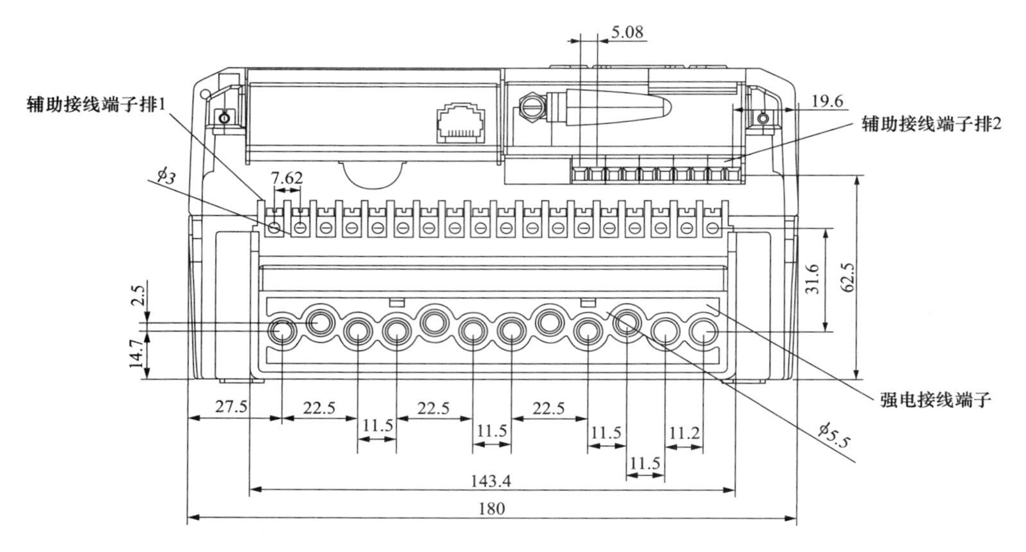

图 7-10　集中器的接线端子规格

对于三相表的接线端子尺寸，根据南网三相电能表的技术规范，三相电能表的接线端子包括直接接入式（$I_{max}>60A$）、直接接入式（$I_{max}\leqslant 60A$）和经互感器式三种规格。如图 7-11 所示。

可以看出，三种三相表的接线端子尺寸均有差异，无法直接兼容，另外，三种三相表与各种终端的接线端子尺寸也不相同，无法兼容。但是，我们注意到两种直接接入式三相表除去电流端子的孔径外其他尺寸均一致，因此，可以想办法使 2 种直接接入式的三相表实现兼容。

设计如图 7-12 所示的电流接线柱：

前端的尖端部分通过表计电流接口的侧面插入，与接口侧面以及中间的螺柱接触，

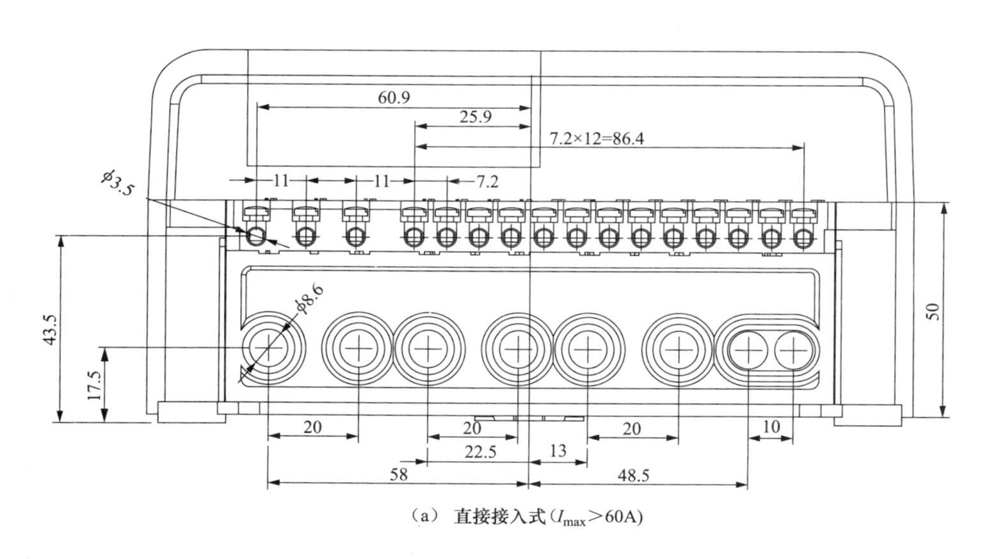

（a） 直接接入式（$I_{max}>60A$）

图 7-11　三相电能表的接线端子规格（一）

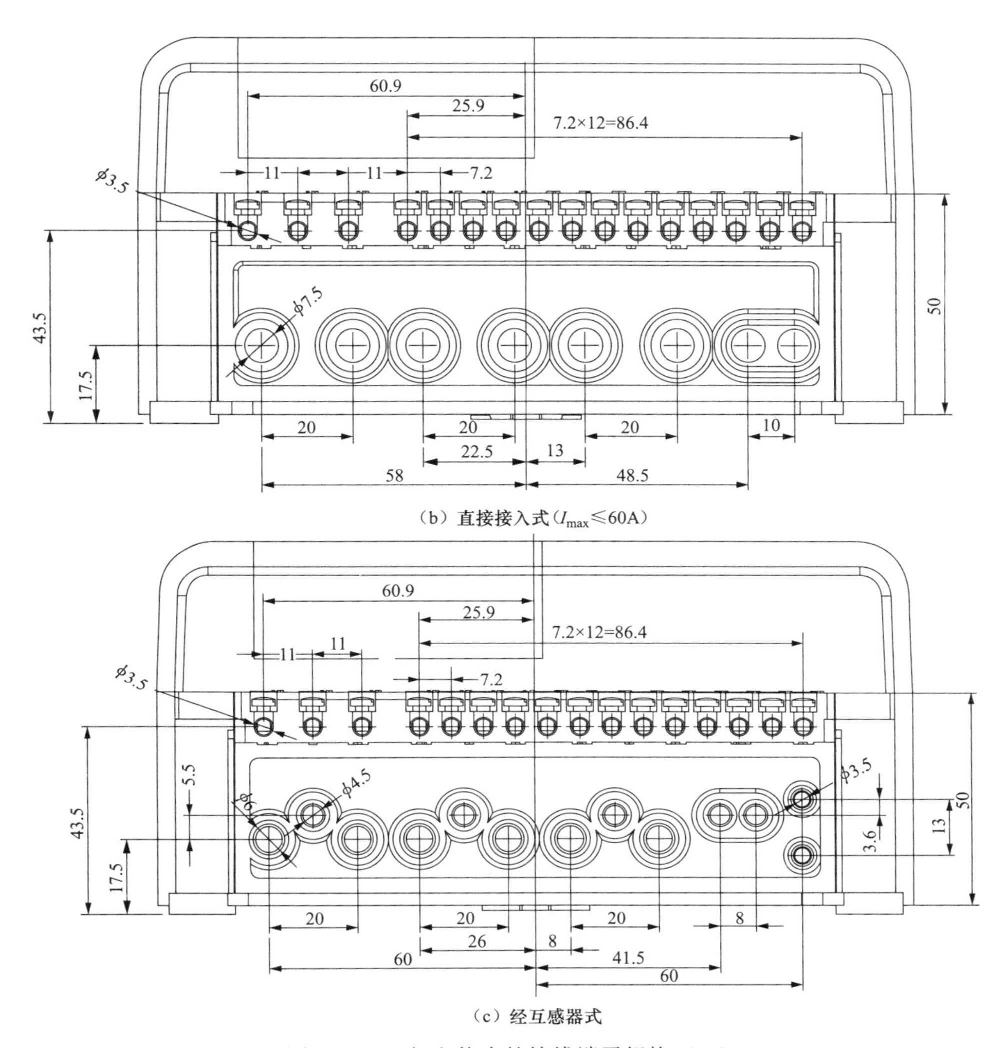

（b）直接接入式（I_{max}≤60A）

（c）经互感器式

图 7-11 三相电能表的接线端子规格（二）

这样，接口孔径的大小实际只决定了插入深度，从而实现不同孔径的接口兼容。设计平滑的圆弧形接触面使接触面足够大，同时尖端部分进行镀银处理以减少电阻率，从而保证电流端子接触良好，防止因接触不良过热损坏表计和挂表座。

同时，为了在同一个检定单元兼容电能表和终端，提高检测效率，设计如图 7-13～图 7-15 所示的接驳端子。图 7-13 中，上层为三相互感式电能表接驳端子，下层为小电流电能计量自动化终端接驳端子，图 7-14 表示三相直接式电能表接驳端子，图 7-15 表示大电流电能计量自动化终端接驳端子。

完整的检定单元如图 7-16（a）和（b）所示，一个检定单元可以同时检定电能表和电能计量自动化终端。图 7-16（a）中，一边表示大电流电能计量自动化终端接驳端子，为单层结构，另外一边表示可以兼容三相互感式电能表和小电流电能计量自动化终端接驳端子，为双层结构。图 7-16（b）中，一边表示三相直接式电能表接驳端子，为单层结构，另外一边表示可以兼容三相互感式电能表和小电流电能计量自动化终端接驳端子，为双层结构。

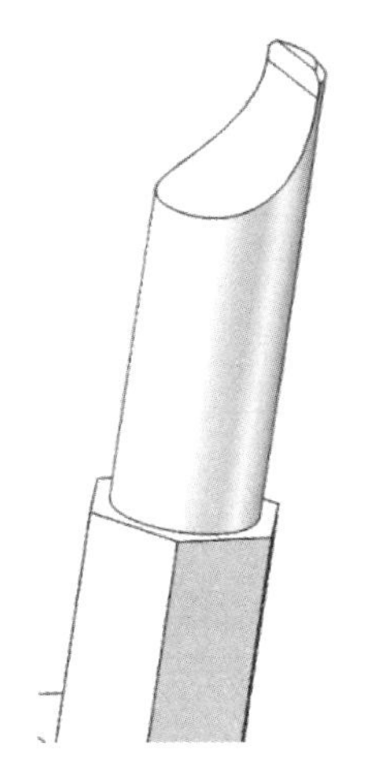

图 7-12　电流接线柱

图 7-13　双层接驳单元

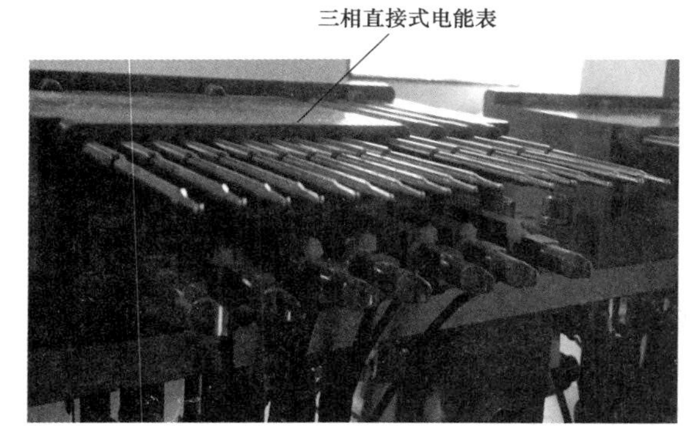

图 7-14　三相直接式电能表接驳单元图

图 7-15　电能计量自动化终端接驳单元

(a) 大电流电能计量自动化终端接驳端子

(b) 三相直接式电能表接驳端子

图 7-16　检定单元

7.2.1.3　系统兼容性研究

经过上述研究，可将所有需要考虑兼容的接线端子归纳为四种：第一种是小电流终端端子（兼容小电流负荷管理终端、小电流配变监测计量终端和集中器），第二种是大电流终端端子（兼容大电流负荷管理终端和大电流配变监测计量终端），第三种是直接接入式三相表端子（兼容大电流和小电流直接接入式三相表），第四种是互感器接入式的三相表端子。这四种端子无法通过单一模块的兼容性设计实现直接兼容，只能考虑从系统整体角度实现兼容。

首先考虑的就是将传统的检定工位进行改进，由原来的单向接驳改为双向接驳，同时，进行双层设计的研究，如果能够实现，就能够实现在检定单元中同时兼容4种表计的接驳，如图7-17所示。

图7-17　检定单元

整个线体的总体设计方案上也需要考虑到因双向及双层设计带来的影响。整个系统需要了解检定单元的组成，并提前做好调度。不同批次、不同类型的表计混合上线时，需要考虑到调度的优先级以及缓存线的设计，同时，在一些需要换向接驳的专机节点前需要增加旋转装置，将表计旋转至正确的方向以便能够正确接驳。

同时，系统的管理控制软件为实现兼容性也需要做很多工作。系统软件需要获取表计的身份信息并监控其在线体上的运转，在进入检定单元前需要根据表计类型预分配表计在检定单元上的位置，并控制物流线路使其正确的流至指定位置。系统软件还需要根据同一表位上不同表计的检定配置合理的检定项目和检定方案，使其可以根据检定表计的类型任意切换。

7.2.2　物流调度方法

自动化系统中的调度都是由软件系统完成。在自动化检表线上，软件需要完成表计在线体上的输送、路径的选择、各专机的就绪和放行、检定任务的规划安排、机器人上下表的调度、线体缓存的处理和调拨等策略，在配套的储分一体化系统中，需要考虑到货物仓位的分配、双深位的处理、多任务并行的调度、任务间优先级安排、任务路径优化等策略。这些物流调度策略直接关系到整个系统运作的效率，因此，必须对实现这些调度策略的算法进行研究和优化，以保证系统的高效运作。

在生产线的生产调度问题上，通常依据生产计划，通过模糊数表达不确定需求和能力，建立问题的模糊MILP模型和参数规划模型，然后研究求解此模型的遗传算法。遗传算法是一类借鉴生物界的进化规律演化而来的随机化搜索方法，用于解决最优化的一种搜索启发式算法。具体到终端自动化检测线上，遗传算法主要用来调度各种终端在检定单元的分配，实现检测效率最大化，达到柔性生产的目的。

另外，终端检测线的系统软件需要根据检定单元的工作状态调整预分配策略，如果某个检定单元工位出现故障，系统软件需要提前在产线的分配上做一系列调整保证此故障表位不会分配到表计，从而降低误检率。

储分一体化系统的调度策略主要体现在货物上下架策略上。储分一体化系统根据用户的需要，可提前配置先进先出、先进后出、指定批次先出、指定类型先出、指定仓位出入等上下架策略，同时，需要根据货位的排层列数权衡货物在货架上的分配策略，最优化货物存储位置以保证出入库效率。另外，由于是双深位货位，系统软件还要考虑深浅位出入原则，保证货位利用最大化的同时也要避免深浅位冲突导致货物无法取放。

另外，储分一体化系统还要优化自动化设备的行进路径，制定路径选择策略，尤其在多任务并行的情况下，保证自动化设备的高效利用。

7.2.3 基于 RFID 的终端封印技术

传统的终端封印是穿线式的铅封，为了适应终端自动化检定的需要，最近几年各封印公司都在研究卡扣式封印，如图 7-18 所示。

图 7-18 卡扣式封印

卡扣式封印不需要人工进行穿线，只需要将封印摁压在表计的封印口，封印口表面上印有相关的条码信息。由于卡扣式封印采用是单向不可逆操作的设计，当封印扣被取出时就同时会被破坏，达到安全性的目的。

普通用户（例如家庭用户）使用卡扣式封印基本可以保证表计本身的安全性，但对于一些大企业用户，仿制卡扣式封印可能会带来不菲的非法收益，在这种情况下，卡扣式封印可能需要更高安全性的设计。

目前的设计方案是，在卡扣式封印的内部嵌入 RFID 芯片，RFID 芯片中写入终端身份信息，检察员可以使用手持的 RFID 识别设备方便的查看终端身份信息是否被破坏，从而达到保护表计安全的目的。由于 RFID 芯片中写入的终端身份信息都是通过加密算法进行加密的，所以无法被仿制和破解，安全性较高，但由于 RFID 芯片成本较高，此类封印不宜大规模应用于所有场合，更适用于一些对安全性要求更高的关口、大型企业的表计内。

密钥需要达到的目的是实现身份认证，防止数据被偷窃，而 RFID 加密算法的目标是：少量的门数，低功率，高可靠性。对于分组加密算法来说使用更小的分组长度以节省内部触发器可以降低硬件实现的门数。

AES（高级加密标准）是一个使用 128 位分组块的分组加密算法，分组块和 128、192 或 256 位的密钥一起作为输入，对 4×4 的字节数组进行操作。AES 是种十分高效的算法，尤其在 8 位架构中，这源于它面向字节的设计。AES 适用于 8 位的小型单片机或者普通的 32 位微处理器，并且适合用专门的硬件实现，硬件实现能够使其吞吐量达到十亿量级。

7.2.4 无线公网信号性能检测技术

用电信息采集系统的通信网络主要分为远程通信网络和本地通信网络两个层面。其中，远程通信网络主要采用 GPRS、3G 等移动公网、230MHz 电力专网、光纤 EPON 接入网等广域网通信技术，而本地通信网络主要采用微功率无线和低压电力线载波等通信技术。

无线公网泛指以 GPRS、CDMA、3G 技术为基础的公共通信运营商所提供的无线蜂窝通信网络，具有网络覆盖面大，性能稳定可靠，使用成本低，技术成熟等特点，是主要的远程通信技术，随着电网公司对电力数据的双向交互、实时性等要求越来越高，也逐渐出现 4G 等技术的应用。

无线公网通信在现场实际应用中，经常出现通信不稳定、故障点不好分析判断，这种情况给生产企业带来了巨大压力。传统的检测方式只能检测上线是否成功，数据能否正常交互，无法对通信质量进行定量和定性的分析验证，而且，没有一套完整的统一的检测平台能够检测无线公网的通信，无法实现通信模块的检测和采集终端无线公网的整机检测，包括：射频指标和通信协议。

综合以上情况，电网公司有必要构建完整的统一的检测平台，能够测试无线公网通信模块及其终端整机的主要性能参数和协议，按照电网相关标准和技术规范，针对网络链路及其节点单元执行系列化的统一的技术规范、通信协议测试，从而实施系统性的指标检测和评估。以便有效提高电力用户用电信息采集系统的稳定性、可靠性和可扩展性。

本系统中的无线信号性能检测专机，旨在建成远程无线公网通信产品检测系统，能够对上行通信 GPRS 模块等实现模块和终端两种模式进行全功能自动化测试，并基于无线信道模型开展信道仿真和模拟技术研究，提升无线通信检测水平。通过开发一系列电力用户用电采集系统相关测试系统，解决现阶段电力系统中对无线通信产品缺乏有效合理测试的难题。

无线公网 GPRS 等上行通信信道仿真检测系统通过将标准化的测量仪器、机柜和自动化测试软件进行有效的集成，将现场的无线信道仿真模型应用到测试仪器中，模拟实际现场环境的各种通信环境和干扰，实现更全面的检测，完成对各种指标和性能的检测。

该系统主要包括了系统的软件、硬件的各项组成单元和功能单元，同时覆盖 Q/GDW 1374.3—2013《电力用户用电信息采集系统技术规范　第 3 部分：通信单元技术规范》和 Q/GDW 1379.4—2013《电力用户用电信息采集系统检验技术规范　第 4 部分：通信单元检验技术规范》里的指标和规格，支持在多功能简易电波小室或标准电波暗室的环境，通过该测试，完成对通信模块及其终端设备进行全方位的自动化检测。

7.2.5 设备状态监控技术

自动化系统由于无人值守，软件系统必须对运行过程中的一些异常或故障有一定的自处理能力，同时，系统的运行状态必须能够很直观的进行监控，因此，软件系统需要具备能够监控线体上各个设备状态的功能，一方面，软件系统需要根据设备状态的监控获取线体运行状态，当设备状态出现异常时及时启动异常处理机制处理异常状态，尽快恢复生产，另一方面，软件系统需要将设备状态直观的反馈给监控室的工作人员，当系统出现严重异常必须由人工进行处理时，工作人员可以及时获取异常信息尽快进行处理，保证生产的有序进行。

自动化系统的各个设备一般是有PLC进行直接控制，PLC（可编程逻辑控制器）是一种采用一类可编程的存储器，用于其内部存储程序，执行逻辑运算、顺序控制、定时、计数与算术操作等面向用户的指令，并通过数字或模拟式输入/输出控制各种类型的机械或生产过程。PLC直接控制设备运作，但无法实现整个业务流，一般的自动系统架构是上层软件实现业务流，并将业务流转化为可执行的OPC指令给PLC，由PLC完成指令，实现设备运行，如图7-19所示。

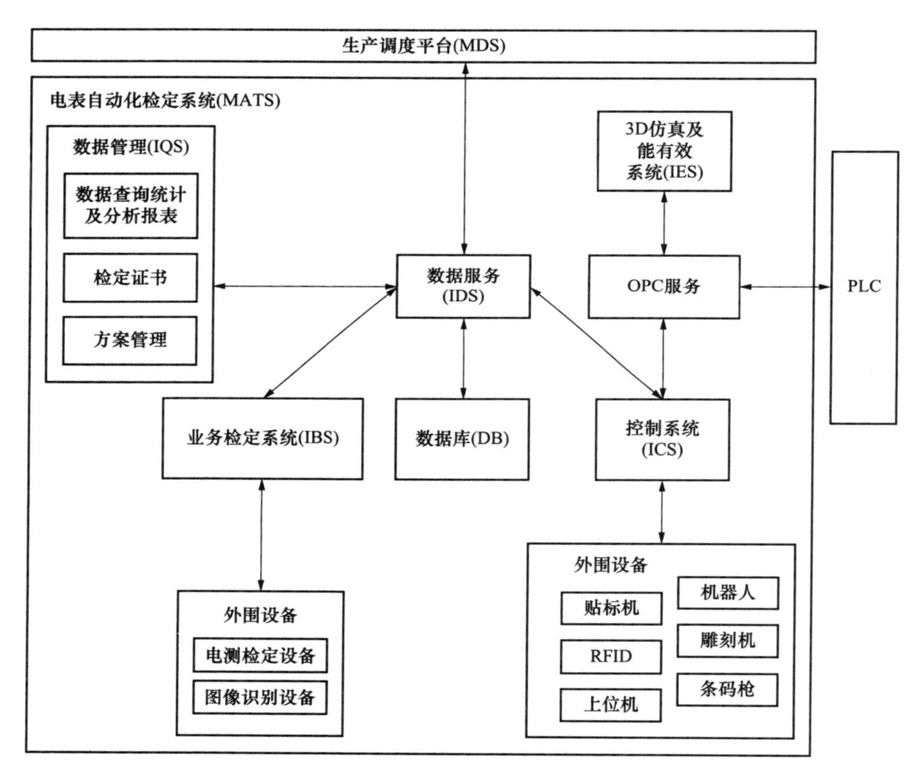

图7-19　生产调度系统

一旦上层软件通过PLC获取到设备状态，就可以通过人机交互界面很直观地将设备状态进行显示，以便工作人员进行监控，同时，软件系统也会监控设备状态，一旦监控到某台设备异常，就会启动相应的异常处理预案，及时排除异常。设备监控界面如图7-20所示。

设备监控的实现难度主要在底层交互，采用传统的节点交互模式时，由于PLC控制设备动作，如果实时与每个设备节点的PLC交互要求其上报设备状态，交互的信息量很

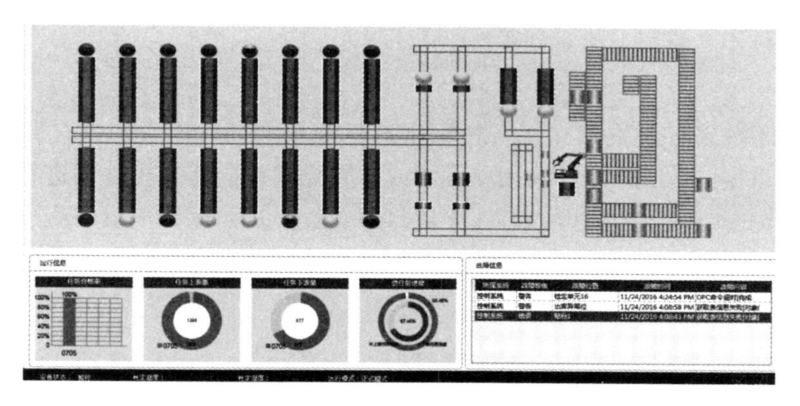

图 7-20　设备监控界面

大，很大程度上会影响到设备控制指令的下发，导致整个线体交互点过多，运行缓慢，严重的更加会导致指令响应超时造成线体阻塞。因此，传统的节点交互模式不再适用于这种实时大流量的交互需求，必须要改变交互模式。

将交互模式改为二维表的方式可以有效优化交互问题。由 PLC 和上层软件共同约定一个二维表矩阵，两边约定好交互协议，PLC 在运行过程中将设备状态通过约定的协议格式写入指定的地址块，上层软件在需要的时候直接从二维表矩阵中获取，不再需要实时与 PLC 交互，减少了与 PLC 的交互量，提高了线体的运行效率。二维表示例如图 7-21所示。

信息	PLC地址	OPC配置地址	数据类型	功能
包号	DB30.DBD0	DB30,DINT0	DINT(整数，32位)	
目的站台	DB30.DBW4	DB30,INT4	INT(整数)	
序列号	DB30.DBD6	DB30,DINT6	DINT(整数，32位)	PLC生产，唯一
路由	DB30.DBD10	DB30,X10.0	DWORD(双字)	bit0路由1(输送线201)
		DB30,X10.1		bit1路由2(输送线202)
		DB30,X10.2		bit2路由3(输送线203)
		DB30,X10.3		bit3路由4(输送线204)
		DB30,X10.4		bit4路由5(输送线205)
		DB30,X10.5		bit5路由6(输送线206)
		DB30,X10.6		bit6路由7(输送线207)
		DB30,X10.7		bit7路由8(输送线208)
		DB30,X11.0		bit8路由9(输送线209)
		DB30,X11.1		bit9路由10(输送线210)
		DB30,X11.2		bit10路由11(输送线211)
		DB30,X11.3		bit11路由12(输送线212)

图 7-21　交互模式改为二维表表示方法

7.2.6　故障处理机制

1. 输送系统

如果输送线出现致命故障（如拆叠盘机故障，输入输出移载机故障等等），则停止自动输送，支持人工搬运上线的方式。

2. 气源

当机械夹手或者各种夹具在运行过程中突然断电或断气时，通过气路回路进行控制，在气路中采用三位五通中央封闭电磁阀或带先导式单向速度控制阀进行夹紧气缸动作控制，在断电断气时，电磁阀阀芯在中位封闭位置，从而保证气缸在充气状态，使得夹爪或者夹具不能松开，或由单向阀速度控制阀封堵气路保证气缸充气状态，从而保证夹爪或者夹具不松开。

3. 检测系统

（1）上下料单元。机器人故障后，系统启动人工上料模式完成终端上托盘。

（2）耐压单元。耐压单元某个设备故障，隔离该部分，不影响其他部分的工作。

（3）专机单元。专机单元中的设备故障，则隔离该设备。

（4）检测单元。如果某个表位故障，则隔离该表位。

（5）检测输送线。主输送线出现故障，采用人工搬运上线的方式。某个检测单元的输送线出现故障，隔离该单元。

7.3 工程效益

计量终端自动化检测系统可以最大限度地消减人为因素，减少由于人工的不规范操作而造成的物品损坏与误检，提升终端输送、存储、检测等过程的准确性、可靠性，避免人为错误；智能控制，灵活性好，具有非常优秀的调度能力。

同时，考虑到计量终端的收货、送检、配送等业务的需要，设计与计量终端自动化检测系统配套使用的自动储分一体化系统，自动完成周转箱的收货入库、送检、自动配送等功能，能够让终端存储、检测更加有序，可以大幅提高终端检测、出入库、配送的工作效率。

通过自动化检测系统和储分一体化系统实现无人化值守、智能化传输，广泛应用自动传输、自动检测、信息管理、安全监控等先进技术，可以实现公司技术装备的升级，从长远看能够降低成本，有利于深化发展方式的转变。系统对场地要求较低，适应强，可适用于长距离运输，可以方便地重组系统，以达到生产过程的柔性化；可扩展性好，具有重要的实际意义和推广价值。

计量自动化终端自动化检测系统及配套储分一体化系统位于大楼三层，目前按照 4 个 20 表位检测单元总计 80 表位设计实施，其中 3 个 20 表位卧式检测单元、1 个 20 表位立式检测单元，另外，在人工台上增加两表位的脱离系统控制、纯人工检定的互动终端检定单元。根据检测工作量的大小和检测项目内容的增加，可以通过对检测方案的调整、增加检测单元数量来对系统进行扩展。

其中，按每年为 250 个工作日，每个工作日工作时间为 7h，终端检测 2 批次/日计算：

类型	检测表位数	日检测量	年检测量
终端	80 表位	160 只	40000 只

采集终端自动化检测流水线应用效果：完成了大批量采集终端的检测任务，实现了采集终端检测工作的自动化、安全化、标准化，保证了所检测产品的质量。用电信息采集终端自动检测流水线的数据信息管理系统实现了与仓储资产管理系统自动无缝对接，与计量生产调度平台数据信息的交互传输，达到了终端检测工作精益化管理的要求。

参 考 文 献

[1] 肖勇等. 电能计量自动化技术 [M]. 中国电力出版社，2011.

[2] 任燕，梁明，何颖平，李莹，顾欢欢. 基于无线通信技术的电力负荷控制系统设计 [J]. 电工技术杂志，2004，6 (10)：26-28.

[3] 宋荣，周巍. 电能计量自动抄表系统现状及发展趋势 [J]. 山西科技，2007 (4)：120-121.

[4] 刘志坦，谭志强，傅军. 电网电能计费系统及其现状和发展. 继电器. 2001. 29 (2)：56-58.

[5] 侯丽梅. 电能计量自动抄表技术的现状与展望. 工程与技术-科协论坛. 2007 (10 下)：22-38.

[6] 李静，杨以涵，于文斌，等. 电能计量系统发展综述 [J]. 电力系统保护与控制，2009 (11)：130-134.

[7] 王丽昉. 计量自动化系统的建设和应用 [J]. 电气技术，2011 (10)：72-74.

[8] 黄晗文，胡浩. 基于 SOA 架构的实时通信机制在电力行业计量自动化系统中的应用 [J]. 电脑知识与技术，2010 (04)：985-987.

[9] 王和栋. 省级电能计量系统主站功能自动化测试介绍及应用 [J]. 机电信息，2014 (21)：30-31.

[10] 陈少俊，梁昕，王泽朗. 电能计量信息采集中的通信技术应用 [J]. 通信世界，2016 (06)：152-153.

[11] 杨仕孟. 电力电能计量信息采集中的通信技术应用研究 [J]. 电子技术与软件工程，2013 (23)：47-48.

[12] 党三磊，张捷，周三，等. 智能电能计量设备通信接口测试系统设计与实现 [J]. 电器与能效管理技术，2015 (12)：16-21.

[13] 马彪. 电能计量系统通信接口设计 [J]. 广东自动化与信息工程，2005 (04)：28-30.

[14] 付瑶. 厂站电能量采集终端故障分析及解决方法 [J]. 中国高新技术企业，2017 (2)：124-125.

[15] 中国南方电网有限责任公司厂站电能量采集终端技术规范.

[16] 何玉平，厂站电能量采集终端技术改造对运行中电能表的影响 [J]. 自动化应用，2015 (12)：126-128.

[17] 李德恒. 浅析厂站电能量采集终端运维与故障处理 [J]. 现代制造，2015 (33)：65-65.

[18] 何海波，周拥华，吴昕，等. 低压电力线载波通信研究与应用现状 [J]. 继电器，2001 (07)：12-16.

[19] 叶青. 电力线载波通信技术在电能表上的应用 [J]. 科技信息，2011 (16)：391-393.

[20] 周立志，占玉兵，夏峰，等. 微功率无线自组网抄表系统的设计与应用 [J]. 电力建设，2012 (03)：15-18.

[21] 姜洪浪，吴玲. 电能表通信的发展状况 [J]. 电力设备，2007 (08)：113-114.

[22] 李野. 滕永兴，曹国瑞. 单相电表的智能自动化检测流水线系统研究 [J]. 科技资讯，2014 (30)：88-89.

[23] 张斌. 超大规模智能电能表自动化检测关键技术研究 [J]. 产业与科技论坛，2013 (09)：50-51.

[24] 张燕. 黄金娟. 电能表智能化检定流水线系统的研究与应用 [J]. 电测与仪表，2009 (12)：74-77.

[25] 赵轶彦. 电能表采集终端自动接驳系统的研究应用 [J]. 科技创新与应用，2013 (34)：31-32.

[26] 刘鹍. 邹旭东，钟贞，等. 用电信息采集终端通信硬件端口自动接驳和本地通信方案的研究与

实现［J］. 电测与仪表，2015（02）：17-21.
［27］ 刘程. 电能表检定流水线传输系统的优化设计［J］. 江西电力，2013（05）：76-77.
［28］ 刘存，马学峰. 自动化立体仓库搬运机器人精定位视觉系统［J］. 机器人，1992（05）：53-56.
［29］ 马强. 射频识别技术在物流企业仓库定位自动化方法中的应用［J］. 物流技术，2013（01）：243-245.
［30］ 王玉鹏. AGV市场需求与行业发展［J］. 物流技术与应用，2015（11）：89-92.
［31］ 杨汝清. 高建华，胡洪国. 高速码垛关键技术研究［J］. 高技术通信，2004，14（1）：67-70.
［32］ 李冀晖. 机器视觉在机器人码垛系统中的应用［J］. 科技风，2015（20）：115，121.
［33］ 冯俊荣. 试谈插卡式智能电能表的质量监管技术［J］. 中国电子商务，2011（12）：182.
［34］ 孟静，岑炜，赵兵. 一种新型智能电能表测试卡片控制系统［J］. 电测与仪表，2014（09）：17-20.
［35］ 谢宏伟，白莹，王国庆. 机器人自动在线贴标技术在电能表生产中的应用［J］. 中国新技术新产品，2016（22）：21-22.
［36］ 何毓函，赵宜贤，翟晓卉. RFID技术在电能表检定系统中的应用研究［J］. 山东电力技术，2015（09）：56-59.
［37］ 张秋月，徐人恒，曲井致，等. 基于RFID技术的电能表数据采集方法［J］. 电测与仪表，2014（18）：10-12.
［38］ 陶鹏，张颖琦与牛春霞，智能电能表及智能终端通信规约测试平台的研究与应用［J］. 河北电力技术，2009（S1）：13-15.
［39］ 李晓朋，张莹与凌特利，基于多种互感器的电能计量器具准确性测试方法研究［J］. 电测与仪表，2013（09）：59-63.
［40］ 张五一，赵强松，王东云. 机器视觉的现状及发展趋势［J］. 中原工学院学报，2008，19（1）：9-12.
［41］ 卞正岗. 机器视觉技术的发展［J］. 中国仪器仪表，2015（06）.
［42］ 段峰，王耀南，刘焕军. 基于机器视觉的智能空瓶检测机器人研究［J］. 仪器仪表学报，2004，25（5）：624-627.
［43］ 龙贵山，刘磊，刘颖，等. 电能表自动化检定及智能仓储系统研究［J］. 电测与仪表，2013（05）：95-100.
［44］ 王永辉，董增波，张颖琦，等. 电能计量装置智能仓储系统研究及其运维管理［J］. 电测与仪表，2015（07）：15-18.
［45］ 孟磊，谢烽，毛一丰. 电能表智能仓储与智能检定一体化系统的设计和应用［J］. 浙江电力，2010（12）：18-21.
［46］ 陈蔚文，杨劲锋，肖勇. 电能计量自动化系统在电力营销中的应用［J］. 广东电力，2011，24（12）：117-121. ［2017-08-19］.
［47］ 徐洋洋，邹敏，何新江. 摄像机标定的研究与实现［J］. 工业控制计算机，2015，28（12）：23-24. ［2017-08-19］.
［48］ 倪鹤鹏，刘亚男，张承瑞，王云飞，夏飞虎，邱正师. 基于机器视觉的Delta机器人分拣系统算法［J］. 机器人，2016，38（01）：49-55. ［2017-08-19］. DOI:10.13973/j.cnki.robot.2016.0049.
［49］ 赵重阳，王松会，夏文杰. 图像分类识别方法研究［J］. 电脑知识与技术，2014，10（32）：7731-7733. ［2017-08-19］. DOI:10.14004/j.cnki.ckt.2014.1005.

[50] 徐官南，夏庆观，丁猛．浅析零件图像的特征提取和识别方法［J］．机电信息，2015，（03）：75-76．［2017-08-19］．
[51] 张法全，王国富，曾庆宁，叶金才．利用重心原理的图像目标最小外接矩形快速算法［J］．红外与激光工程，2013，42（05）：1382-1387．［2017-08-19］．
[52] 王娜．浅谈贴标机的设计［J］．科技展望，2015，25（29）：138．［2017-08-20］．
[53] 胡艳．电能表自动检定流水线多功能检定印证的设计与实现［J］．江西电力，2014，38（02）：45-47＋57．［2017-08-20］．